你若迷茫 不如去闯

彭清清 著

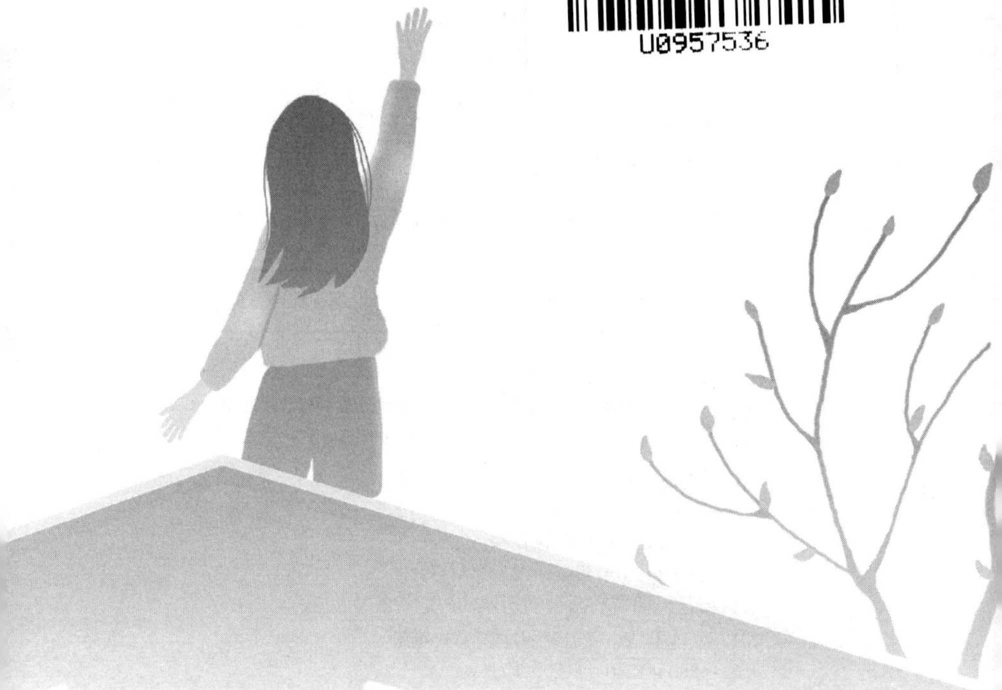

国家一级出版社 中国纺织出版社 全国百佳图书出版单位

内 容 提 要

当年轻人怀揣着过于远大的梦想，一下子从高高的象牙塔跌落人世间时，他们是有很大不适应的。其实，人生固然需要未雨绸缪，却不要杞人忧天。当思虑周全，也决定如何去做的时候，就要当机立断展开行动，才能让梦想照进现实。

本书从年轻人的心理角度出发，以现代社会的飞速发展为背景，告诉年轻人在面对困惑的时候、在缺少希望的时候、在不知道人生何去何从的时候，应该如何调整好心态，激励和振奋自己的内心，让自己在人生的道路上始终斗志昂扬，勇往直前，更告诉年轻人切实的行动比一切瑰丽的梦想都更加重要。

图书在版编目（CIP）数据

你若迷茫，不如去闯／彭清清著. -- 北京：中国纺织出版社，2019.6（2019.9重印）

ISBN 978-7-5180-6006-1

Ⅰ.①你… Ⅱ.①彭… Ⅲ.①人生哲学—通俗读物 Ⅳ.①B821-49

中国版本图书馆CIP数据核字（2019）第050145号

责任编辑：闫　星　　特约编辑：王佳新　　责任印制：储志伟

中国纺织出版社出版发行

地址：北京市朝阳区百子湾东里A407号楼　邮政编码：100124

销售电话：010—67004422　传真：010—87155801

http：//www.c-textilep.com

E-mail：faxing@c-textilep.com

中国纺织出版社天猫旗舰店

官方微博http：//weibo.com/2119887771

三河市延风印装有限公司印刷　各地新华书店经销

2019年6月第1版　2019年9月第3次印刷

开本：880×1230　1/32　印张：6

字数：180千字　定价：39.80元

前言

preface

现代社会，有很多人都感到迷惘，尤其是初涉世事的年轻人，更是不知道自己的人生应该如何努力，又将何去何从。很多年轻人以年轻为资本，却把年轻用错了地方，他们觉得年轻就可以肆无忌惮地挥霍青春，就可以任由时光飞逝而不感到惊惧。实际上，青春转瞬即逝，每一个人都要努力地拥抱青春，珍惜青春，才能利用青春的宝贵时光，充实和成长，也要为了拥有精彩的未来而不懈努力。

对于青春，每个人都曾经历过，或者即将经历，又或者正在经历。青春时光如此珍贵，如何度过最宝贵的青春年华，对于每个人而言都有着至关重要的意义，也会对于人生起到积极的影响和推动作用。那么作为年轻人，我们就一定要努力奋进，才不枉费这青春，也要全力以赴，才能打拼出属于自己的精彩。

这个世界上，从未有不劳而获的事情发生，每一个人在成功背后，都经历了艰苦卓绝的努力付出，也熬过了成功到来之前的寂寞和无助，所以才能最终守得云开见月明，柳暗花明又一村。在人生旅途之中，我们既要扬帆起航，也要学会等待。耐得住寂寞，才能经得起繁华，也只有在孤独中学会与自己相处，我们才能更加贴近自己的心灵，也才能透彻深入地领悟人生，感受人生。

有人说，不努力，不奋斗，你要青春做什么？的确，青春不是肆意挥霍的资本，而是在人生的道路上坚持不懈努力前行的资本。常言道，甘蔗没有两头甜，人生也是如此。古人云：少壮不努力，老大徒伤悲，就告诉我们如果年轻的时候不努力为人生做铺垫，为与命运抗争而打拼，那么等到青春不在，再想扭转人生的局面，就会很难。所以即使作为年轻人，也要辛苦付出，不懈努力。只有你把青春用来为人生添砖加瓦，等到青春不在，你才能得到丰厚的人生回报。

如今，有很多人都羡慕马云的成功，却不知道马云当初创办翻译社的时候，因为翻译社经营惨淡，所以他不得不依靠贩卖各种小商品而帮助翻译社渡过困境。后来，马云创办阿里巴巴，起步非常艰难，每一分经费都要非常节省去花费，就连买一些笨重的东西都不舍得打出租车。而在拿着东西实在走不动，不得不打出租车的情况下，他们又会选择最便宜的夏利出租车乘坐。正是这样的努力和拼搏，马云才会有今日的成就，才会让整个世界都因为他而瞩目。

记住，没有随随便便的成功，每个人的成功都是饱受艰辛才得到的。面对人生的旅程，你一定要为自己树立梦想，然后在梦想的指引下确立方向，最后还要牢记梦想，为了实现梦想而拼命努力，展开切实的行动，即使遭遇挫折和坎坷也决不放弃。阳光总在风雨后，要想人生的收获时节到来，也必须经过春耕和夏耘。当你潜心下来，顶风冒雨地在人生的道路上前行，你的心中要始终有光的方向，也要始终充满着希望。

你要相信，当你努力去闯，人生的天地就会豁然洞开！

编著者

2018年9月

目录

contents

第01章　谁的人生不迷茫：没有目标，那就去找　_001

倾听内心，把握心的方向　_002

只要努力，你的未来天高地阔　_004

只要牢记目的地，你就一定能到达　_006

没有计划的人，只会失去先机　_008

不要成为一只井底之蛙　_010

有主见的人生，不迷惘的青春　_013

第02章　变成更好的自己：你强大了，迷茫就少了　_017

越努力，越幸运　_018

坚持被嘲笑的梦想　_020

每段成功的人生都曾踏过荆棘　_022

不拼命努力，就注定平庸无奇　_025

当你足够优秀，才能创造奇迹　_028

战胜不可战胜的，你会变得更强大　_031

你所羡慕的成功都是努力得来的　_034

第03章　梦想就在那里：选择奋斗，还是安逸地老去　_037

当你的才华足以支撑起梦想　_038

梦想有多远，人生就能走多远　_040

此时不流汗，未来就要流泪　_043

不拼搏，未来永远不会到来　_046

梦想不是“梦+想”　_048

为了实现梦想，你要全力以赴　_050

第04章　请先人一步出发：羡慕别人，不如自己提前努力　_055

全力以赴，机遇的大门为你打开　_056

人生，永远逆水行舟　_058

想好了，就坚定不移去做　_061

你与成功之间相差一万小时　_063

不努力，不奋斗，你要青春做什么　_066

不拖延，人生即刻出发　_068

第05章　让自制力成就你：克制自己，才能把握当下的人生　_073

忍耐是人生最强大的能力　_074

收起拳头，是为了快速有力地出击　_076

忍得住，才能成为驾驭自己的强者 _079

聪明人不生气，不赌气 _082

内心宽容，退一步海阔天空 _084

有的时候，退让是为了进步 _087

第06章 对自己狠一点儿：全力以赴，
才能对抗人生的残酷 _091

有的时候，你需要咬紧牙根 _092

相信相信的力量 _095

不要让自己活在最底层 _097

与自己对抗，才能战胜全世界 _100

永不放弃的人才能配得上成功 _102

习惯成为出类拔萃的自己 _106

第07章 不要害怕走弯路：见得多了，
自然能走上正途 _109

不能改变，就坦然接受 _110

人生，不是为了别人而活 _113

心若安然，人生安然 _115

金无足赤，人无完人 _118

学会放下，才能得到 _121

人生，就是含泪的微笑 _123

第08章 吃亏中不断成长：豁达一点，有宽恕才有未来 _127

甘蔗没有两头甜，人生要先苦后甜 _128

吃亏是福，要学会吃亏 _131

突破人生极限，创造精彩无限 _134

要想站在山之巅，你要足够努力 _136

很多事情都不值得计较 _139

有些烦恼没有必要存在 _142

第09章 没有轻松的成功：敢于冒险，人生才有无限可能 _145

不迟疑，才能抓住好机会 _146

做第一个吃螃蟹的人 _148

成为不能被埋没的金子 _151

即使背水一战，也绝不轻言放弃 _155

只为成功找方法，不为失败找借口 _157

没有拼搏的精神，人生怎能脱颖而出 _160

第10章 渡过难熬的时光：善于等待，一切都会到来 _165

用心等待，该来的总会如约而来 _166

内心豁达，人生也豁然开朗 _168

漫长的煎熬才能孕育出璀璨的珍珠 _172

人生不易，且行且珍惜 _174

不放纵，主宰自我 _176

戒骄戒躁，才是人生之道 _178

参考文献 _182

第01章 谁的人生不迷茫：没有目标，那就去找

人生，从来不是生来就有方向的。也许父母会为我们安排好人生的前程，但是随着不断地成长，我们对于未来会更有想法，更有规划，也会变得更加迷茫。没有目标的人生，就像是船只在大海上前行，却没有罗盘的指引。人生，一定要有方向，才能坚定不移地勇往直前，才能让努力和奋斗事半功倍。

倾听内心，把握心的方向

现代社会发展的速度非常快，竞争的激烈程度也与日俱增，为此，很多人整日忙忙碌碌，每天朝九晚五地工作，全力以赴地生活，却忘记了看一看清晨太阳的升起，傍晚落日的余晖，最终迷失了自我。有人说，人如蝼蚁，的确，人的生命是脆弱无常的，然而，我们不能因为不知道生命的长度就放弃在生命的历程中努力，正是因为生命的不可预期，我们才要更加努力认真地活着，拓宽生命的宽度，展现生命的精彩。

2018年10月，曾经央视著名导演哈文在微博中发布了她的丈夫——李咏去世的噩耗。惊闻这个消息，整个娱乐圈都受到震动：李咏才五十岁，那么年轻，不是去年还被传出移民美国吗？怎么就去世了呢？李咏是因为癌症去世的，关于李咏的病情，因为是查出患有癌症就马上去美国保密治疗，所以国内的人对于李咏的病情知之甚少。然而，生命是无常的。有的网友在得知李咏去世的震惊消息后，当即表示要纵情欢乐，不再那么拼命努力地工作。不得不说，这是对于死亡的曲解。正是因为生命反复无常，我们每个人才要更加努力认真地生活，也不枉来到人世间走一圈。不是放弃工作，纵情享受，而是要努力协调好工作与生活之间的关系，把握好人生的节奏，这样当生命有朝一日戛然而止的时候，才不会留有遗憾。在哈文公布李咏去世的消息后，有网友找出李咏当年曾经戏谑留下的遗言，那就是不要鲜花，只要话筒，而从哈文方传出李咏的遗言是"没有遗憾，只有不舍"。的确，人生走到中年，该有的都有了，却没有来得及与亲人爱人更长久地厮守，这是莫大的不舍。

不管生活多么忙碌，都要记得静下来倾听内心的声音。对于任何人来说，人生都没有重来的机会，只要能够在离开人世的时候了无遗憾，就是莫大的成功。只有听清楚自己内心的声音，把握人生的方向，才能让人生始终朝着正确的目标奋进，也始终都能够坚持成长和进步。

对于人生，每个人都有不同的目标，对于成功，每个人也有属于自己的定义。然而，无论想要拥有怎样的人生，有一点都是确定的，即必须选对方向，坚持正确的方向，才能向着心之所向的地方坚持努力和进步，才能距离成功近一步，更近一步。有过农村生活经历的人，都知道在以前农业化时代里，没有便捷的机器可以使用，所以农村里经常使用毛驴拉磨的方式，用笨重的石磨研磨一些东西。在毛驴拉磨的时候，人们总是用一块布把毛驴的眼睛遮挡起来，这样毛驴就会一圈一圈地围绕着磨盘转着圈地走，它自以为走了很远的路，最终却发现自己还是在原地。一个人如果不能倾听自己内心的声音，也不知道自己到底应该走往何处，那么他们在不断努力的过程中，就会始终原地打转，毫无效率。由此可见，让心清明，确定人生的方向，对于成长和发展而言是至关重要的。

只要努力，你的未来天高地阔

常言道：海阔凭鱼跃，天高任鸟飞。在人生成长的道路上，每个人都渴望自己能够拥有更为广阔的人生天地，也拥有更加光彩夺目的人生舞台，但是实际上，人生的天地到底有多么宽广，并非取决于每个人生而就有的运气，而是取决于努力的程度。一个人如果不努力，就会成为井底之蛙，始终留在井底看着井口处的一片天，鼠目寸光。而一个人如果努力，就能够从井底跳脱出来，从而看到更为广阔的人生天地。有的时候，还可以站在更高的地方，看得更远，自然人生也会随之进入更高的境界。所以不要抱怨自己的运气不够好，没有马云当爸爸，也不要认为自己的未来一片黯淡，都是因为家世背景的局限。只要你足够努力，坚持不懈，你就可以让人生天高地阔，前景光明。

张瑞已经进入公司五年了，在五年的时间里，他一直都很努力地付出，全心全意地工作，然而公司最近要从基层人员中提拔一批人成为中层管理者，张瑞原本以为自己对待工作如此认真勤奋，一定会得到提拔，但是最终却遗憾地发现自己并不在提拔之列。为此，他如同一个泄了气的皮球一样，根本提不起精神来继续工作，而且在面对同事的时候连招呼都不想打，在面对领导的时候也总是心生怨愤。正是在这样的状态下，公司临时决定多提拔两个人成为中层管理者，原本是把张瑞也列入考察范围的，却因为张瑞突然这样糟糕的表现，而把张瑞排除在外。当然，张瑞对此毫不知情，根本不知道自己在不知不觉间就失去了这样一次好机会。后来，张瑞还因为在工作上的糟糕表现被公司辞退，由此而荒废了自己此前在公司里五年的苦心经营，一切重头开始。

不可否认，生活有的时候的确不公平，但是对于生活的不公平，我们一定要耐心对待。如果不能做到耐心对待，那么常常会失去隐藏在人生拐弯处的机会。从拼搏的角度而言，就是要有毅力，而不要因为小小的挫折就三心二意。就像事例中的张瑞，如果能够坚持不懈努力向前，那么就可以有的放矢地面对人生，也不至于连工作的机会都失去。

很多时候，我们羡慕别人在工作中的光鲜亮丽和不期而至的成功，却不知道每一场成功都是有准备的，都是别人苦心经营才能得到的。因此我们不但要看到成功的人前风光，更要看到成功背后的付出和努力，这样才能全力以赴地奔向成功，也才能坚持不懈地为了成功而持续努力。尤其是在职场上，很多年轻人都会犯鼠目寸光的错误，总是过多地关注薪水，关心升职。殊不知，一份工作如果不潜心下来工作五六年的时间，根本不可能有更好的成长和发展。作为年轻人，一定要静下心来工作，才能得到工作投桃报李的回报。记住，你的每一份付出都将会得到回报，任何时候，只要用心地成长，认真地学习，从容地生活和工作，你就一定会获得更加开阔的人生天地。

只要牢记目的地，你就一定能到达

很多人都曾经听说过《南辕北辙》的故事，大概的意思是说，一个人想要去某个地方，虽然有着豪华的马车、精良的马匹，也有着经验丰富的车夫，还带了足够的盘缠，但是却选择了错误的方向。为此，他注定不管怎么努力，都无法到达自己想去的地方。人生也是如此，如果不能牢牢记住自己的目的地，也不能选择正确的方向，那么一切有利的条件都会变成不利条件，反而会起到事与愿违的效果。

在现实生活中，有很多人都会犯这样的错误，他们尽管忙忙碌碌，看似在全力以赴地工作，实际上却犯了南辕北辙的错误，导致越是努力，距离自己梦想中的成功越是遥远。从这个角度而言，在人生的道路上，一定要坚持正确的目的地，选择正确的方向，才能事半功倍。正如人们常说的，不忘初心，方得始终，就是这个道理。

美国大名鼎鼎的文学家爱默生曾经说过，一个人只要知道自己的目的地，全世界都会为他让道。这就是目标明确的力量，因为一个人只要目标明确，也全力以赴奔向目标，就能排除万难到达目的地。在如今的职场上，有太多的年轻人都浑浑噩噩，根本不知道自己职业发展的方向在哪里，更不知道自己人生的目标在哪里。为此，他们只是抱着当一天和尚撞一天钟的态度在敷衍了事地工作，根本没有爆发出自己的潜能和力量，甚至对于自身，他们也缺乏基本的了解，不知道自己擅长什么、不擅长什么，不知道自己喜欢什么、不喜欢什么，最终他们过于随遇而安，一生碌碌无为。

实际上，不仅刚刚工作的年轻人有这样的苦恼和困惑，就连很多已经在职场上拼搏很多年的人，也同样会陷入这样的困境和怪圈之中。从人生的角度而言，他们已经迷失了自己。试想，如果人生始终抱着随遇而安的心态，过于安逸，也缺乏动力，甚至连想一想改变的事情都从未想过，那么人生怎么可能有充足的动力和无限的可能性呢？真正能够改变命运、创造生命奇迹的人，都是那些明确知道自己想要什么的人。正是因为有着明确的人生目标和方向，他们才能敢想敢干，想好了就马上去做，而不会一味地陷入人生的困境之中，更不会长久地驻足。

记住，人生的道路总是荆棘丛生，甚至遍布坎坷与磨难，甚至有的时候还会面临无路可走的困境。但是正如鲁迅先生所说的，人生本没有路，走的人多了，也便成了路。那些心中有目标、有勇气的人，即使面对人生无路可走的困境，也能够坚定不移地勇往直前，朝着目标奋进，最终到达理想的彼岸。此外，也只有内心有目标、人生有方向的人，在遭遇困惑和无奈的时候，才能坚持努力前行，最终走到人生中“山穷水尽疑无路，柳暗花明又一村”的惊喜之中。

没有计划的人，只会失去先机

人生是需要计划的，虽然人们常说计划没有变化快，但是这并非告诉我们要放弃计划，而是在人生之中走一步看一步，反而是在提醒我们人生反复无常、瞬息万变，要提前做好预案，才能更好地掌控人生。

人生有了计划，在计划的指引下，才能够按部就班，也才能够抢占先机。这是因为人们在做计划的时候，一定不会只是鼠目寸光地只计划眼前的事情，而是也会努力规划好未来的安排。在这样的过程中，人们也会对于未来有所规划，有所期许，在这些事情的指引下，才能更加理性地面对未来。此外，在计划的过程中，我们也会更加理性客观地认知和评估自己。正如一首歌里所唱的那样，自己是最熟悉的陌生人，所以很多人都并不了解自己，也不知道自己的所长和所短分别在哪里。在计划的过程中，正好可以更加理性地认知自己，也可以取长补短、扬长避短，从而让人生有更好的成长。尤其是当明确了自己在人生中所处的位置之后，才可以更加确定自己未来的道路应该如何去走。

现实生活中，有太多人都处于迷惘的状态，一则是因为人生没有目标和方向，二则是因为即使在有了目标和方向之后，如果没有切实的计划作为引导，也常常会感到困惑。如果说目标和方向指向人生的远方，那么计划则是对远大的目标和方向进行合理的规划，从而引导我们有的放矢、全力以赴地去一步一步、脚踏实地地完成计划，实现目标。由此可见，计划，是非常重要的，也是需要我们切实去做好的。

伟大的拿破仑曾经说过：不想当将军的士兵，不是好士兵。有人从这句话上看到目标的重要性，其实这句话也告诉我们计划至关重要。因为当一个士兵确立自己的人生目标是要当将军之后，他与一个只想当好士兵的人所采取的行动是截然不同的。很多人都喜欢看施瓦辛格演的电影，却不知道施瓦辛格最初的人生目标是从政，而如今，施瓦辛格也的确如愿以偿地成为州长，这都是因为施瓦辛格在确立人生目标之后就开始制订了可执行的计划，也一步一步按照计划去实现小目标才达到的。最初，施瓦辛格的人生目标就是从政，但是他既没有显赫的家世，也没有出色的政治能力，为此他想到进入演艺圈，让自己为人们所熟知，这样就可以得到更多选民的支持，得到更多的选票。这么想来，他便当机立断进军演艺圈，从最开始的打杂，到跑龙套，再到成为好莱坞里首屈一指的硬汉，他真的做到了。后来，施瓦辛格才能凭着自己在演艺圈里积攒的人气，娶了一位有政治背景的妻子，也成功地竞选成为州长。

人生目标，就是要这样去实现，既要有远大的目标作为指导，也要制订可行的计划，还要有脚踏实地的精神去努力。这样才能在成长的道路上不断地前行，坚持每一步都留下脚印，进步一个阶梯，如此积少成多，聚沙成塔，最终让自己获得成功的资本。尤其是我们作为普通而又平凡的人，出生的时候起点就会比富二代、官二代低很多，那么就更要全力以赴去努力，才能通过拼搏主宰命运，掌控人生。

不要成为一只井底之蛙

当一个人站在狭仄逼人的山谷里，他只能看到眼前郁郁葱葱的树木和淙淙的流水，也许景色不错，心情舒畅，但是却无法领略在山巅一览众山小的辽阔，更不可能拥有万丈豪情。为此，那些喜欢巅峰的人也许会暂时欣赏山谷里秀丽的风景，却会在片刻停留之后马上奔向巅峰，哪怕要遭遇很多艰难坎坷，路过荆棘丛生之地，他们也在所不惜。

对于人生，每个人都有不同的态度，有的人甘愿当井底之蛙，过好自己默默无闻的小日子，有些人却志向远大，只想实现自己伟大的理想和梦想，创造人生的辉煌。然而，人生如同白驹过隙，时光一旦流逝再也不会回来，所以每个人都要最大限度圆满人生，才能避免人生留下遗憾。很多人追求岁月静好的人生，而不希望人生跌宕起伏，这是无可厚非的，因为岁月静好正是人生非常美好的一种状态。然而，岁月静好与拥有眼界也不是相互矛盾的。每个人都应该尽量开阔自己的眼界，而不要让自己始终停留在目光短浅的状态之中。

人生要想辽阔高远，就要让自己站在更高的地方。井底之蛙之所以只能看到眼前的一小方寸的土地，就是因为它们生活在低处。常言道，站得高，才能看得远，这是很浅的人生道理，也是很容易理解的。在人类历史上，牛顿的影响力非常之大，为此，很多人都仰慕牛顿，这是因为牛顿已经到达科学的高峰，所以才能在科学上拥有更加开阔的眼界，也把目光投向了整个大自然和整个宇宙。

每个人都是这个世界上独一无二的生命个体，每个人的思想也都是截然不同的。如果把众人不同的思想放在一起比较，那么这些思想就会像层峦叠嶂，起伏不平。当然，每个人思想的高度不同，决定了他们对待人生的态度不同，也决定了他们在人生中将会到达的高度截然不同。很久以前，有三个人一起在大城市里跟着建筑队干活，他们每天的工作都是砌墙。有一次，有人问他们“你们正在做什么”，他们给出了完全不同的回答。第一个人说：“我在从事最累的活儿，砌砖，不然怎么养活自己呢？”第二个人回答：“我只是在建造房子而已。”第三个人回答：“我在建造美丽的城市。”几年之后，这三个人的命运截然不同。第一个人因为建筑行业太辛苦，去了餐馆当服务员。第二个人还在建筑队里当建筑工人。只有第三个人，通过勤奋的自学变成了建筑师。

思想不同，人生也不同，所以人们才说，思想有多远，人生才能走多远。我们也要说，思想有多高，人生才能到达多高的高度。面对生活，我们一定要开阔眼界，要站在更高的高度，才能看到人生更远处的风景。记住，有些风景，只有到达山巅才能看到。所以不要畏惧攀登过程中的辛苦，只有坚持不懈，努力奋进，最终才能成功地到达人生的巅峰，也才能欣赏人生中天高地阔的壮美景色。

有主见的人生，不迷惘的青春

如果你的眼前只有一条路，你当然能够坚定不移地走下去，因为除此之外你别无选择，甚至你可以连想都不想，就知道自己的人生应该去往何方。然而，当你的人生面临不止一条道路，例如你正面临人生的二岔路口、三岔路口，你又该何去何从呢？这还不是最糟糕的情况，最糟糕的情况是你面临一片雾蒙蒙的荒原，你的前面既没有路，也有着无数条路，就像在《摆渡人》之中每一个迷惘的灵魂所面临的精神荒原一样，你又该去往何方呢？这样的极度自由，反而容易使人陷入极度的困惑之中，不知道何去何从。这就要求每个人必须有主见，才能在青春之中摆脱迷惘，也才能真正成为人生的主宰。

在心理学上，有一个群羊效应的理论，这个理论告诉我们，人们从众心理的力量是非常强大的，常常会让人陷入盲目从众的状态之中，而根本不去想自己真正想要的是什么、真正该做的是什么。其实，群羊效应也叫从众效应，在现实生活中，是有很多表现的。例如，在很多人都会犯的闯红灯的错误上，曾经有电视台专门对此进行过实验和调查。结果证实，原本准备等到绿灯再过马路的人，当看到身边有人闯红灯过马路的时候，他们很容易改变主意和大家一起闯红灯。这就是群羊效应在现实生活中非常典型的表现，也许那些跟随闯红灯的人是出于法不责众的错误心理，也许是觉得大家都闯红灯了，人流量大，比较安全。实际上，这些都是有从众心理的人给自己找的借口和理由而已。

针对从众心理，西方国家还流传着一个笑话。据说，有一位石油大亨死了之后在天堂生活，有一天，天堂里召开关于石油的会议，特意邀请石油大亨参加。然而，也有一些不懂石油的人闻讯赶到，他们都是抱着学习和发财的态度而来的。等到石油大亨赶到会议室的时候，大家已经在会议室坐得满满当当的，还有很多站着的人把会议室围得水泄不通。看到这样的情形，石油大亨很不高兴："我才是主角，你们都挤在这里干什么呢？"为此，他冲着大家喊了一声："听说地狱里发现了大量石油！"石油大亨的话音刚落，人全都跑得没了影。石油大亨正准备找个好位置坐下来准备给后来的人开会，突然听到后来的人在经过会议室门口的时候议论纷纷："听说地狱里的石油特别丰富，随便打个洞都会冒出来乌黑的油啊！"石油大亨坐不住了："难道地狱里真的有丰富的石油吗？我可不能落后了！"这么想着，石油大亨也当即奔向地狱。

这就是从众心理的可怕力量，能够让最初散步谣言的石油大亨都迫不及待地奔向地狱。在中国古代，也有三人成虎的说法，意思是说当第一个人说街上有老虎，也许没人相信，当第二个人说街上有老虎，也没有人相信。可是，等到第三个人说街上有老虎的时候，大家就都会相信，而且会忍不住跑到街道上看老虎。人的从众心理是很强的，在如今的信息时代里，信息的飞速传播，更容易利用人们的从众心理创造各种恐慌效应、跟风效应，我们一定要有主见，才能在人生的道路上始终坚定不移地做自己，这样才能做好自己。

第02章 变成更好的自己：你强大了，迷茫就少了

很多年轻人都感到非常迷惘，觉得自己在工作和生活方面都没有方向。实际上，对于人生而言，一直都会面临各种各样的选择和突发情况，而只有在成长的道路上，不断地充实和强大自己，才能让自己气定神闲，以不变应对人生的万变，也才能有效地减少迷惘和困惑，更加坚定不移地走好人生之路。

越努力，越幸运

很多人都说命运是公平的，实际上命运对于每个人并不能做到真正的均等，即便它在给一个人关上一扇门的同时，也会给这个人打开一扇窗，但是归根结底，命运无法做到绝对的公平。很多人一出生就是富二代、官二代，拥有更高的起点和更好的平台，而很多人出生在贫寒的家庭里，哪怕付出很多的努力，也无法达到那些好运气的孩子一出生就拥有的高度。这就是不公平，但是无法改变，只能接受。

世界从来不是唯心的，每个人不可能随心所欲得到一切，也不可能满足自己所有的欲望。因此，每个人都要学会面对和接受外部的世界，也要全力以赴做好该做的事情，才能更加积极地改变自己，提升和完善自己。罗马不是一天建成的，胖子也不是一口吃成的，任何时候，不要抱怨命运不公平，而是要问问自己为了获得成功的人生，付出了什么。越努力，越幸运，是因为越努力，把自己提升到更高的高度，才能看到更为辽阔的人生，也因为能力的提升，而让自己拥有更辽阔的空间去选择。

在人生的道路上，如果说有什么是一定公平的，那就是时间。对于每个人来说，时间都一分不多，一分不少。在享受同样时间待遇的情况下，你把时间用在哪里，时间就会开花。那些毫不吝惜地浪费时间的人，总是会毫无知觉地丢失时间。那些争分夺秒和时间赛跑去充实和完善自己的人，总是能够得到时间最慷慨的馈赠。作为年轻人，当你抱怨命运不公，或者觉得自己总是没有资本去与人生较劲的时候，就要反省自己，是否真正地珍惜时间，也把宝贵的时间恰到好处地利用起来了。

不要羡慕别人总是有好运气，能够轻而易举就得到命运的青睐，就得到生活的眷顾，实际上这个世界上从未有一蹴而就的成功，更没有天上掉馅饼的好事情。每一个人的成功，都是精心谋划才得来的；每一个人的成功，也都是饱尝辛苦和全心付出才换来的。

曾经有心理学家经过研究证实，大多数人的先天条件其实相差无几，之所以有的人能够与成功结缘，有的人总是被失败纠缠，就是因为他们对待人生的态度截然不同。被成功青睐的人，即使遭遇失败的挫折和磨难，也能够振奋精神，努力反思自己，总结经验和教训，踩着失败的阶梯前进。而总是被失败纠缠的人，常常有畏难心理，哪怕遭遇小小的挫折就会一蹶不振，也常常在面对人生的时候陷入沮丧绝望的情绪之中。殊不知，一味地畏惧和退缩，虽然能够避免失败，却连成功的机会也会彻底失去。为此当你羡慕别人的人生道路越走越宽，而且有更多的选择时，不如先问问自己可曾努力尝试，可曾做好失败的准备牢牢抓住各种机会。从现在开始，请努力吧，当你拼尽全力地努力，就会得到更多成功的可能性！

坚持被嘲笑的梦想

有些人总是不够坚持，当好不容易把梦想说出来却遭人嘲笑的时候，他们就会马上放弃梦想，觉得自己的梦想不值一提。实际上，对于有梦想也想要实现梦想的人而言，这是最大的误区，也是非常致命的错误。记得曾经有人说过，被嘲笑的梦想，才是真正的梦想，这是因为这样的梦想够独、特有个性，也很拉风。只要能把这样拉风的梦想坚持到底，最终一定会得到世界的一片惊呼。诸如马云在最初提起做中国黄页的时候，就不被人看好，后来在国外的时候偶然接触到互联网，回到中国就当机立断要进军互联网。在当时，很少有人知道互联网，为此合作伙伴们听说要做互联网，全都觉得不可思议。但是，他们都对马云忠心耿耿，即便不了解、不看好，也坚定不移地支持和追随马云。最终，他们成了马云的“十八罗汉”，也赚得盆满钵满，最重要的是在中国互联网的进程上留下了浓重的一笔。

从马云身上我们可以看到，即使梦想被嘲笑，或者距离现在的生活很遥远，也不要轻易放弃，因为真正的梦想绝不是满大街都有的。要想实现自己的伟大梦想，除了不要害怕被嘲笑之外，也要坚定不移地去努力。很多人都喜欢看李安的电影，也认可和欣赏李安的才华，却不知道李安在真正凭着导演成名之前，曾经度过了一段非常黯淡的人生时光。早在填报高考志愿的时候，父亲就曾经强烈反对李安学习电影，因而对于李安报考美国伊利诺伊大学的戏剧电影系，父亲丝毫不看好。后来，李安大学毕业，的确度过了非常暗淡的时光。在整整六年的时间里，他只能在剧组里做一些琐碎的杂事，而根本没有机会真正执导一部电影。六年，对于一个刚刚大学毕业的年轻人意味着什么？意味着身边很多人已经安身立命，而他却赋闲在家，需要依靠妻子出去工作维持全家人的生活，需要像一个全职家庭主妇一样包揽所有家务事。除此之外，还需要面对周围人的冷言冷语，和在接连几天都足不出户之后一旦走出家门就被熟悉的人指指点点，甚至被称为是吃软饭的。

看到女儿年纪轻轻就不得不扛起整个家庭的重负，而作为一家之主的李安却始终赋闲在家，岳父岳母心疼女儿，决定出资帮助李安开一家餐馆。其实岳父岳母的心思很简单：既然不想去给人打工，那就尝试着去自己当老板吧，哪怕失败了，也比这样没有改变更好！为此，李安感受到更大的压力，虽然倔强的妻子最终把钱还给了父母，但是李安打定主意要改变现状，不再非导演就什么也不干。思考很长的时间之后，李安给自己报名了一门电脑培训课程，妻子发现之后一言不发，非常心疼李安。次日，送妻子去上班时，妻子突然转过身认真地告诉李安："安，要记得你的梦想！"妻子的话就像阳光，瞬间洒满李安的心，让他的心变得更加温暖，且感受到力量。李安没有去上电脑培训课程，而是最终得到了机会，获得了资金，终于拿起摄像机开始拍电影。对此，妻子始终坚信李安是能把电影拍好的，也是可以获得奥斯卡小金人的，李安果然做到了。

当很多人都不相信你能在实现梦想的道路上获得成功时，你一定要坚定不移地相信自己，因为在创造梦想、实现梦想的过程中，相信是伟大的力量，相信能够创造了不起的神话和奇迹！

每段成功的人生都曾踏过荆棘

在如今优秀的影视剧铺天盖地满天飞的时刻，很多年轻人因为对现实生活感到不满意，就会非常羡慕影视剧中男女主角光鲜亮丽的生活。看了《我的前半生》，他们斗志昂扬，觉得一个被抛弃的妈妈都能投身于时代，做出自己的事业，为何作为年轻人却不能呢？看了《杜拉拉升职记》，无数女孩开始羡慕在外企的工作，觉得只有在外企才能称得上是真正的白领，也可以说出一口流利的英语，拿着让很多人都刮目相看的高薪，甚至想要去哪里旅游就去哪里旅游，想买多贵的衣服和包包就随便买，更是从来也不怕把信用卡刷爆。对于这样的人生，简直让人垂涎三尺，只恨自己没有生在这样的家庭里，也没有这样光鲜亮丽的基金会。

不得不说，现在大多数人对于成功都失去了免疫力，他们总是通过朋友圈来窥探别人成功的模式，也会盲目地去模仿，似乎觉得成功总是可以一蹴而就、不劳而获就得到的。殊不知，每一个成功在光鲜亮丽背后，都是长期的坚持，都是踏破荆棘的磨难。当看到别人的成功时，一定不要只忙着羡慕，而还要看到成功者在成功之前所付出的一切。尤其是在这个信息传递速度越来越快的时代里，很多人还会因为得到别人成功的消息就激动不安。例如，最近每日一淘很火爆，一边被人诟病成传销，一边又得到很多人的青睐，吸引很多人都下定决心成为自己的消费商。不得不说，这个时代的新名词总是层出不穷。不可否认，的确有一些做每日一淘赚到一些钱的人，但是哪一个行业里如果努力付出，认真坚持，不会得到收获和回报呢？最重要的在于，要选定一件事情，坚定不移地走下去，这样才能距离成功越来越近，也才能更加容易获得成功的青睐。

早在读大学期间，若若就是一个非常努力和用功的女孩。她从小体弱多病，所以被家人起名若若，但是她的心很强大，使她成为了一个好强的女孩。大学毕业后，若若进入一家设计公司工作，因为初出茅庐，所以她总是受到老同事的冷落。

有一次，公司里想要拿下一个大项目，却失败了，因为客户对设计方案不满意。原本负责设计的设计师放弃修改方案，直言自己达不到客户苛刻的要求，这个时候，若若主动请缨。老板看着若若稚嫩的脸庞，原本想拒绝若若，转念一想：反正就是试试，死马当作活马医吧，行就行，不行的话结果也不会更糟糕。得到领导分派的这个任务之后，若若当即开始忙碌起来。客户是一家化妆品公司，在如今这个美女多到让人得脸盲的时代，若若很清楚要想让广告脱颖而出，给人耳目一新的感觉，就不能还是因循守旧地把广告效果寄托在明星身上。能不能从风景入手呢？找一个人杰地灵的地方，让人感受到天然的魅力和大自然的神奇。这么想着，若若想到了小时候看的动画片《阿尔卑斯山的少女》。她当即想到，如果把女性的肌肤比喻成刚刚做好的奶酪，有着氤氲的光泽和柔滑的形态……就这样，若若找到灵感之后工作了整整十几个小时，才把设计方案初步做好。

后来，又经过了几天的沉淀，若若对方案进行了修改和升华。果然，客户对若若的方案很感兴趣，也给若若提出了具体的修改意见，经过与客户几次三番的交涉与洽谈之后，若若的方案终于被客户通过。若若一下子为公司拿到了一个大订单，领导不得不对若若刮目相看，后来，若若扶摇直上，成为部门里的设计主管，再到公司的设计总监，她的才华赢得了所有人的尊重与认可。

如果不是主动请缨，承担起这个连经验丰富的设计师都提出放弃的方案，如果不是在承接设计项目之后绞尽脑汁地苦思冥想，若若怎么可能抓住这个千载难逢的好机会表现出自己的实力呢？

正如人们常说的，只有做好一切准备的人，才能抓住人生中千载难逢的、转瞬即逝的好机会。否则，如果总是沉迷于对自己的不信任之中，或者沉迷于对别人成功的羡慕之中，则无疑会更加放纵自己，有想法却没有实践，最终只能是一场空。要想距离成功更近，就要从此时此刻开始全力以赴奔向成功。

不拼命努力，就注定平庸无奇

人的本能就是趋利避害，每个人天生就喜欢安逸舒适的生活，而不愿意整日辛苦奔波与忙碌。但是现实是残酷的，既然你没有马云当爸爸，甚至连小小的家族产业都没有，那么你就只能靠着自己不懈地努力，才能主宰和把握命运。每一个深入生活的人都知道，在如今竞争激烈的社会中，每个人都如同逆水行舟，不进则退。只有不断地努力和成就自己，才能坚持进取，也才能保持相对的静止状态。而要想持续地进步，获得小小的成功，就必须更加提升自己的速度。记住，这个世界上从未有天上掉馅饼的好事情，也没有不劳而获的成功。任何时候任何人，都要坚持进步，排除万难去成就自我，这样才能获得更好的成长。

即使命运在给你关上一扇门之后，又给你打开了一扇窗，但是并不曾对你做到真正的公平。每个人生而不平等，出生在贫寒人家的孩子，一出生的起点，比那些富贵人家的孩子就会低很多。有的时候，他们即使非常努力，也无法到达富贵人家的孩子一出生就拥有的高起点，难道就要因此而放弃努力吗？当然不是。因为我们奋斗的目标不是追赶别人，而是成就自己。任何时候，都不要盲目地和他人比，在不公平的情况下进行比较，对于自己也是莫大的伤害。在努力进取之后，要把今日的自己和昨日的自己进行比较，这样才能知道自己有哪些进步，也才知道自己需要如何弥补不足。每个人，只要相比起曾经的自己有所进步，就可以全力以赴奔向属于自己的成功，也就可以拥有与众不同的人生。

在现代社会生存，对于每个人来说最可怕的事情是：比你还优秀的人都在努力上进，你却这么放纵自己，如何能够与他人PK呢？很多年轻人在大学毕业后最初踏上工作岗位的时候，总是希望能够找到一份安稳的工作，最好是旱涝保收的。不得不说，现代社会根本没有这样的工作，因为每个单位、每个岗位，都从来不会养着闲人。要想出类拔萃，要想获得小小的成绩，就一定要付出加倍的努力。记住，人生之中没有任何一段经历是白白经历的，也没有任何学习会在我们的生命中了无痕迹。只要你此刻非常努力地学习，坚持不懈地奋斗和进步，哪怕不能获得梦寐以求的成功，也至少会获得失败的经验，从失败中总结出需要注意的事项，从而避免在同一个地方摔倒两次。

当你不曾为了自己的梦想而付出努力，就不要抱怨自己的人生总是平淡无奇。对于人生，有付出未必有收获，但是如果不付出，就肯定没有收获。所以与其怨声载道，不如当机立断开始提升和完善自己，这样才能当即改变自己，也才能促使自己更加拼尽全力进取。

记住，不管你出生在怎样的家庭中，不管你拥有怎样的背景，只要不努力，都有可能被人生的洪流远远地甩下。现代社会，生存就是一场残酷的游戏，要想在这个游戏中胜出或者脱颖而出，就必须适应严苛的规则，还要全力以赴做好自己该做的事情。有人说莫问前程，其实前程还是要问的，要为自己制定明确的人生目标和方向，从而才能在饱尝磨难和辛苦的时候，不忘初心，砥砺前行。

当你足够优秀，才能创造奇迹

对于命运，总有很多人在抱怨：凭什么她能得到保送的机会，我却不能？凭什么他在工作上频繁出错，我没有犯过任何错误，却提拔了他？凭什么他的爸爸妈妈都是干部，我的爸爸妈妈却是面朝黄土背朝天的农民？凭什么他轻轻松松就能考研，我这么努力却连考三次都没有通过？在你眼中，别人总是有这样的好运气，得到命运的青睐和偏爱，不需要付出很多辛苦和努力，就能收获更好的结果。然而，你却没有看到，他人平日里是如何坚持才能得到好运气的青睐，又是怎样全力以赴，才能获得小小的成功。

人生之中，的确常常会有奇迹发生，但是每一个再小的奇迹之所以发生，一定不是平白无故的。正如人们常说的，世界上没有免费的午餐，每个人要想有所收获，就必须非常辛苦地付出，否则就会陷入困顿之中，也会因为停滞不前而被时代的洪流远远地甩下。与其抱怨命运不公平，不如努力地提升自己。因为当你足够优秀，你就有更多选择的机会；当你足够强大，你也就可以与命运的不公对抗，扭转命运的局面。从根本上而言，每个人在这个世界上唯一的依靠就是自己，只有当自己强大起来，才能获得真正的安全感，也才能足够优秀，从容地驾驭人生。

小张和小王是大学同班同学，毕业后一起进入同一家公司工作。从同学到同事，他们感到彼此之间很亲近，原本他们在大学里只是普通同学，到了公司之后彼此帮助，关系反而越走越近。因为才参加工作，没有经验，而且毕业的院校也不是著名院校，为此，他们的工资并不高，每个月只有三千多元。在如今的时代里，对两个大男生而言，三千多的薪水，不仅要租房，还要顾着衣食住行，为此他们总觉得钱很紧张，每到月末的时候也都捉襟见肘。

小张对工作渐渐失去积极性，总是在小王面前抱怨："每天当牛做马，只赚这么点儿钱，还是得赶紧跳槽。"对于薪水，小王的态度更加淡然："我们才毕业，能够马上找到工作养活自己，这已经很不容易了。我觉得只要我们非常努力，以后一定会越来越好的。"这么想着，小王还花费了所有的积蓄——大概几千元钱，为自己报名参加商务英语培训班。对此，小张颇有微词："薪水这么少，都不够吃饭的，你还花钱！公司给你报销吗？"小王笑着说："这是自己学本领呢，不管走到哪里都能用，不需要公司报销。我觉得，越是薪水低，我们越是要投资自己，这样将来才能抓住机会进步。"对于小王的话，小张丝毫没有放在心上。

每到周末，小王就会扎扎实实去学习两天，平日里下班之后还要坚持复习。而小张呢，薪水虽然不高，日子过得却很逍遥，每个周末都在打游戏，或者和朋友们一起去夜市喝酒。一年多之后，公司开展外贸交易，急需要聘请一个懂得商务英语的翻译，但是一时之间，这样的翻译还很难找，因为虽然翻译很多，但是精通商务英语的却很少。为此，小王毛遂自荐："领导，我来试试吧！"领导很怀疑地看着小王："你行吗？很多英语八级的翻译都不行啊！"小王笑了，说："他们不行，是因为他们不懂得商务英语。自从进入公司，我就利用周末的时间学习商务英语，你就让我试试吧。"领导死马当作活马医，给了小王接待外宾的机会。果然，小王说着一口流利的商务英语，与外宾相谈甚欢。又因为小王对西方礼仪很有研究，所以领导索性让小王负责接待外宾，并且担任项目负责人和专业翻译官。外宾对小王非常满意，等到和外宾顺利签约之后，小王也理所当然地升任项目主管之一，成功地实现了一步登天的晋升。与此同时，小王的薪水直接从四位数上升到五位数，而且现在薪水的零头也比之前所有的薪水要高。看到小王交了这么大的好运气，小张羡慕不已，心中也很失落，没过多久就辞掉工作，又加入了求职大军。

小张和小王的起跑线原本是相同的，但是他们最终走向了不同的职业道路，区别就在于小张盲目地等待，以消极怠工的方式表达对工作的不满，而小王却从不抱怨，而是积极主动地提升自己，让自己变得更加优秀。这样一来，小王做足准备，也就能抓住随时出现的千载难逢的好时机。

当你身边有人飞黄腾达的时候，一定不要认为对方是交了狗屎运，而是要相信对方的成功是有原因的。同样的道理，如果你对现在的自己不满意，也不要妄自菲薄，或者轻而易举地就否定和放弃自己，该当机立断做的是激发自己的勇气，坚持不懈地努力，这样才能积少成多，聚沙成塔，由量变引起质变，也才能从容地改变自己的命运。记住，人生中从未有天上掉馅饼的好事情，每个人在成功背后都有不为人知的辛苦付出。要想奔向成功，哪怕想要获得小小的成就，我们都必须全力以赴。

当然，在你变得非常优秀、璀璨夺目之前，一定有一段星光暗淡的日子。在这样的日子里，不要着急，也不要否定自己，更不要放纵。在黎明到来之前，我们都要忍受无边的黑暗，更何况在人生星光璀璨之前呢？只有耐得住寂寞的人，才能经得起繁华，也才配得上更加精彩的人生！

战胜不可战胜的，你会变得更强大

在生活中，总有一些磨难，让我们恍惚觉得自己陷入了人生的绝境，实际上，天无绝人之路，这只是我们在无奈与绝望状态下产生的错觉而已。常言道，人生不如意十之八九，对于大多数人而言，人生的不如意都是常态，而顺心如意只是暂时才会出现的状态。既然无法改变命运，我们就只能调整好心态，坦然迎接命运赐予的一切。正如人们常说的，心若改变，世界也随之改变，我们只有改变态度，积极地面对一切，才能够鼓起信心和勇气战胜所有的坎坷与挫折。

大文豪巴尔扎克曾经说过，每个人面对挫折的态度，决定了他们将会拥有怎样的人生，因为弱者把挫折视为绊脚石，甚至因此而停止人生前进的脚步，而强者却把挫折视为垫脚石，踩着挫折继续勇敢向上攀登，从而站得更高，看得更远，也让人生进入更加开阔的天地之中。

心理学家研究表明，大多数人的先天条件都相差无几，而那些成功者之所以成功，是因为他们战胜了太多的困境，也在此过程中不断地提升和强大自己。为此，他们才能成为生活的强者，也才能真正地主宰和驾驭人生。

大学毕业后，雅丽就进入一家化妆品公司，她的职位是推销员，基础薪水只有一千元，其实是公司给推销员的车马费，而作为推销员，主要靠着卖出化妆品的提成赚取更多的薪水。对于初来乍到大城市、人生地不熟的雅丽而言，推销工作无疑非常困难。一开始，她根本不认识路，也不知道如何坐公交车，所以常常需要拿着地图四处奔波，去找人多的地方进行推销。

接连干了两个月，雅丽把自己从老家带来的盘缠都花光了，却没有卖出去任何一套化妆品，为此她非常懊丧，也很绝望。一天路过一家饭馆，看到饭馆上赫然贴着招聘服务员的信息，还管吃管住呢，雅丽不由得怦然心动。然而想一想自己这两个月来东奔西跑的辛苦，她又迟疑了：就这样放弃，前面的辛苦不都白费了吗？雅丽决定继续干下去，至少再给自己一个月的时间。顶着炎炎烈日，雅丽拎着化妆品又去了已经去过好几次的写字楼，这次，她还用心地给写字楼里的顾客带来了冷饮。有个女孩看到雅丽来了，非常欣喜："哎呀，上次忘记留下你的电话了，我试用了你送的小样，真的非常好。"女孩和雅丽订购了一整套的化妆品，其他女同事看到了也纷纷来找雅丽索要小样。这次，雅丽没有忘记留下联系电话，后来一个月的时间里，她重点拜访那些留过小样的客户，居然成功地销售出去几十套化妆品。雅丽的心中又重新燃起希望，后来，她的销售业绩越来越好，她索性代理了这个品牌的化妆品，开了一家专卖店。如今的雅丽已然成为不折不扣的老板，在大城市已经买了房子、车子，也组建了幸福美满的家庭。

如果雅丽当初被自己打倒，放弃了继续从事销售行业，那么她也许迄今为止还在饭馆里端盘子呢，或者开一个小吃摊也说不定。幸好雅丽咬牙坚持下来，所以才能获得销售的业绩，也成功地当上老板。没有人知道人生的转折点会出现在哪里，最重要的是，在到达成功的转角之前，一定不要轻易放弃。

每个人想要获得成功，就必须付出持久的努力，而且在想要流泪的时候，仰起头，把眼泪流入心底。这样一来，片刻之后，你还可以绽放绚烂的笑容面对这个世界，也可以真正地昂首挺胸做好自己。记住，困难像弹簧，你强它就弱，你弱它就强。所以如果不想被困难打倒，就从此刻开始以顽强的态度战胜困难，执着潜行吧！

你所羡慕的成功都是努力得来的

对于人生，每个人的态度都是不同的。有的人对人生随遇而安，从来不愿意过分用心和过度努力；有的人对于人生总是特别认真，他们喜欢与人生抗衡，与自己较劲。有人说，人世间的事情就怕认真，其实这样的表达很有道理，因为只要我们认真，世界都会对我们如临大敌。

做每一件事情，是否用心，所得到的结果是截然不同的。有些朋友也许会说，我哪怕非常用心，也没有获得成功。别着急，成功总不会这么轻易到来，你不但要用心，而且要非常用心，并且要坚持不懈，才能有的放矢地改变人生。还记得周星驰吗？很多人尊称周星驰为星爷，是因为现在的周星驰不可与刚出道的时候同日而语，不但是娱乐圈里的元老级人物，而且也成为票房神话的保证。然而，很少有人知道，周星驰在最初加入娱乐圈的时候，连跑龙套都会被吐槽、被黑，简直没有活路。但是周星驰很有毅力，他继续用心地做每一件事情，而且全力以赴做好每一件事情。用心的人总是让人害怕，认真的周星驰终于得到了丰厚的回报。在2016年，周星驰的电影《美人鱼》一炮走红，票房节节攀升，创造了票房神话。

在《美人鱼》中，林允也得到了很多普通女孩和女星的羡慕，觉得她运气非常好，所以才能凭着影片获得成功。实际上，林允不是幸运，她虽然刚出道，但是却很勇于付出。据说，林允原本是陪着朋友去参加《美人鱼》的海选，后来却被选中成为女主角，看似偶然的背后，是林允努力抓住每一次的机会。在热播的《战狼2》中，女主角卢靖姗也着实火了一把，然而，原定的女主角并不是卢靖姗，而是一位叫徐嘉雯的混血女孩。根据吴京透露，原本已经确定让徐嘉雯出演《战狼2》，没想到徐嘉雯临时要求增加片酬，结果才换成卢靖姗出演。由此不难看出，徐嘉雯实在是目光短浅，而且临时要求增加片酬也是很不遵守行业规则的行为。正因为如此，她才失去出演《战狼2》的机会，而卢靖姗也成为吴京口中最对的人选。可想而知，如果卢靖姗也和徐嘉雯一样盲目追求高片酬，那么这个在世界面前曝光的机会可就不属于她了。

对于成功，很多看似偶然的机会背后，实际上有着很多必然的因素在推动整件事情朝前发展。即使作为普通人，也不要随随便便羡慕别人的成功，而是要认真地思考自己需要怎样的成功。有的时候，成功的机会转瞬即逝，抓住了就能成功，错过了也许再也不会获得这样千载难逢的好机会。所以最重要的在于，我们要问清楚自己的心，才能在成长的过程中始终不忘初心，砥砺前行。

第03章 梦想就在那里：选择奋斗，还是安逸地老去

梦想就在那里，从来不曾远去。面对梦想，是选择努力奋斗，不遗余力地去拼搏，还是选择安逸舒适，留守在人生岁月静好的舒适区里，这是每个人不同的选择，也必然会决定每个人都将拥有不同的人生。

当你的才华足以支撑起梦想

对于梦想，每个人都有不同的理解。有的人觉得梦想就是努力去想，因此他们对于梦想从未真正付诸实践，而常常是头一天去想，后一天又一切如常。也有人觉得梦想就是要当机立断努力去拼搏，才有实现的可能，的确如此，一切看似伟大的梦想，最终都要落实到实际行动上，这样才能切实朝着梦想推进，让自己距离梦想越来越近。

然而，梦想总不是做一个梦，或者不负责任想一想就能完成的。一个人要想实现梦想，就一定要有实力，也要抓住机会，更要付诸行动。否则，如果只有梦想，而从来不努力去做，更不想发挥自身的才华去支撑起梦想，那么梦想一定会变成空想，甚至因为时光的流逝而变得再也没有实现的机会和可能性。

要想配得上梦想，就必须要努力奋斗，也要发挥自己所有的力量。一个能够轻易实现的想法，绝对不是梦想。真正的梦想，或许被人嘲笑，或许会让你无力承受，但是这才是梦想的本质：远大，还带着那么点儿不切实际的意味。在实现梦想的道路上，一定会遇到很多的坎坷与荆棘，也有人会因为遭遇挫折和磨难而放弃梦想，当然，这样的人是无缘成功的。要想在梦想的道路上砥砺前行，必须足够坚强，有着强大的内心，也有着过人的才华。当你的才华可以支撑起梦想，你会觉得自己的所有努力都有意义，所有付出都没有白白付出。

要想实现梦想，还要打破自身的局限和禁锢，不要看低了自己。曾经有科学家进行实验，他们把跳蚤装入一个玻璃瓶里，跳蚤轻而易举就从玻璃瓶口跳出来，因为跳蚤可以跳跃到相当于自己身高千百倍的高度，所以小小的玻璃瓶根本难不倒跳蚤。然而，科学家在玻璃瓶口放上一块透明纯净的玻璃，因而跳蚤每次跳跃的时候，都会碰到玻璃瓶口。在接二连三碰壁之后，跳蚤就调整了跳跃的高度，保持在跳跃之后碰不到玻璃盖的高度。这样一来，跳蚤再也不会接二连三地碰壁。然而，即使科学家拿掉玻璃盖，跳蚤也还是不能跳得更高，而是把自己跳跃的高度就固定在那里。

其实，不仅跳蚤如此，人也是如此。很多人都会犯一个错误，那就是自我限定。一开始，他们也许是因为特殊的原因而自我限定，随着时间的流逝，这种限定会阻碍人的成长和发展，禁锢人生的舒展。对于这样的情况，在实现梦想的过程中，一定要避免。一个人，唯有自信，才能激发出自身的力量，也唯有突破自我，才能成就崭新的自我。任何时候，成功都不会一蹴而就，实现梦想更是有很大的难度，那就一点点地超越自我，不断地扩展自身的能力，最终让自己变得更加强大起来。

人，最宝贵的是生命，对于每个人而言，生命都只有一次机会，更不可重来。那么就让我们在有限的生命中，更加积极努力地激发自身的力量，让自己不断地成长和学习，努力地奋斗和进取，这样才能全力以赴绽放生命的光彩。

梦想有多远，人生就能走多远

人生如果没有梦想，就只剩下眼前的方寸之地，根本没有远方可言。所以有人说生活不只有苟且，还有诗和远方，我们也要说，生活不止眼前的方寸，还有梦想和远方。梦想是人生的指引，一个真正把梦想作为梦想，也为了梦想而坚持不懈努力的人，一定能够更加努力地实现梦想，也可以因此而改变自己的命运和人生。相反，如果没有梦想的指引，始终关心眼前的事情，那么人生还谈何高度，又谈何未来呢?

即使做着生活中最普通而又简单的事情，我们也依然可以怀揣梦想。对于每个人而言，梦想都是不同的，对于成功的定义也是不同的。所以在为人生设定梦想的时候，不要被现实局限住，也不要先自我否定了梦想。要相信，只要全力以赴去实现梦想，只要不遗余力为了梦想而拼搏，就总能更加接近梦想和实现梦想。

作为一名教师，艾伦让学生们写下一篇作文《我的梦想》。在这篇作文里，每个孩子都非常认真地写下了梦想，表达了对于生命的期待。有的孩子梦想着成为老师，长大之后教给孩子们知识；有的孩子梦想成为医生，救死扶伤，治病救人；有的孩子希望可以成为传教士，这样可以为人们布道，拯救人们的灵魂……总而言之，每个孩子都有看起来很美好，只需要努力就能实现的梦想，唯独杰米的梦想让老师非常惊讶，也绝不相信杰米能够实现梦想。原来，杰米的梦想是将来拥有属于自己的一大片农庄，农庄里不但种满了各种鲜艳的花朵、新鲜的果蔬，而且还有大片的房子，提供给前来农庄度假的人居住。要知道，杰米的爸爸只是一个普通的农民。为此，艾伦对杰米说："杰米，你的梦想太不切实际了。梦想不是只用来说说而已的，而是要有实现的可能性。"杰米告诉艾伦："我真的是想去实现的，这就是我的梦想。"劝说无果，艾伦索性对杰米说："如果你不改变梦想，那我只能给你C，而不能给你A。"最终的结果是，杰米宁愿得到C，也不愿意改变梦想。

若干年后，即将退休的艾伦在整理阁楼的时候，发现了这厚厚的一摞作文本。艾伦翻看这些作文，想起了同学们当年的梦想，突发奇想，决定把这些作文都寄出去。为此，她在报纸上刊登了启事，寻找当年的同学们来认领自己的梦想。很多同学看到启事之后，都写信给艾伦，艾伦也根据来信的地址把梦想寄给了同学们。唯独那个叫杰米的男孩，迟迟没有出现。有一天，艾伦带着最后一届学生去附近的一个大农庄参观，在她下车的那一刻，居然看到成年版的杰米就站在她的眼前，正对着她微笑呢！艾伦惊讶极了，杰米骄傲地对老师说："老师，这就是我的农庄，欢迎您的到来。"艾伦惊讶地合不拢嘴，杰米果然实现了他的梦想，这简直是一个奇迹！

对于被老师评价为不切实际的梦想，杰米始终在坚持着，也在努力去做，正因为如此，他才能一步一步距离自己的梦想越来越近。任何时候，如果有人嘲笑你的梦想，或者觉得你的梦想不切实际，都不要轻易放弃，而是要坚定不移相信自己的梦想一定能够实现，这样才能迸发出更大的力量，也促使自己不断地走向伟大的梦想和目标。

有人说，思想有多远，人生就能走多远，实际上，梦想有多远，人生也就能走多远。不要总是对人生感到懊丧，只有此刻的坚决和毫不迟疑，才能推动你朝着梦想不断前进和努力。如果把人生比喻成茫然无边的海洋，那么梦想就是灯塔；如果把人生比喻成漫无边际的黑夜，那么梦想就是暗夜里的明灯。总而言之，梦想指引着人生的方向，也为人生提供源源不竭的动力。只有坚持梦想的人，才能让人生梦想成真。

此时不流汗，未来就要流泪

很多年轻的朋友在努力奋斗的过程中，常常会感到迷惘，因为他们不知道为何自己这么辛苦付出，却没有得到预期的收获，也不知道自己这样拼尽全力去奋斗，最终的结果将会如何。的确如此。尽管人们都认为努力付出与收获是呈正比的，但是残酷的现实却告诉我们，即使你非常努力，用心付出，也未必能够得到自己梦寐以求的结果。但是，如果不努力，不付出，又将如何呢？

毋庸置疑，努力了未必有回报，如果不努力、不付出，那就注定得不到任何回报，而且还会导致事情朝着糟糕的方向发展。很多人在努力付出之后，面对失败的结果，总是难以承受，殊不知，即使遭遇失败，也远远比无所作为更好。因为失败之后，还可以总结经验和教训，让自己在人生之中有更好的表现，而如果一直躲在人生安逸的舒适区里，虽然避免了失败，却也彻底失去了成功的一切可能。看到这里，相信明智的朋友一定知道自己应该怎么做，才能竭尽所能抓住好机会、转瞬即逝的机会，从而让自己的人生有更好的发展和成长。

人生是一个短暂的过程，从新生儿呱呱坠地的时候去看，也许觉得人生还很漫长，然而光阴流转，弹指一挥间，人生就走到了童年、少年、青年、中年，直至暮年。所以最重要的在于，不要挥霍青春，而是努力过好人生的每一天，这样才能全力以赴地把人生活得充实而又精彩。如果年轻的时候不努力，不奋斗，那么还要青春做什么呢？古人云，少壮不努力，老大徒伤悲。正如甘蔗没有两头甜，如果人生不趁着年轻努力，等到老了，就会陷入被动的状态，也有可能会有凄凉的晚年。所以说，人生其实是一种投资，只有善于投资也懂得投资人生的人，才能抓住合适的机会经营好人生，也才能从容地度过人生。

很小的时候，她就知道自己和其他孩子不一样。妈妈因为嫌弃家里穷，在生完她之后就离开了家，而爸爸也一直身体不好。后来，爸爸因为病情严重，去世了，她就和爷爷奶奶一起生活。爷爷奶奶没有任何的经济来源，一开始还能下地干活，随着身体越来越差，根本不能下地干活。她不得不一边上学，一边干好地里的农活，早晨还要起床给爷爷奶奶做饭。即便是这样，她也咬牙坚持上完了高中，还凭着优秀的学习成绩，被一所大学录取。

她把爷爷奶奶托付给邻居照顾，自从上大学的第一天开始，她就勤工俭学，有的时候在学校食堂帮忙，有的时候去校外当家教。为此，她不但挣出了学校减免后的学费和书本费，以及自己的生活费，而且还时常给爷爷奶奶寄钱，寄各种营养品。当然，她也没有忘记努力学习，提升自己。最终，她大学毕业后应聘进入一家很好的公司，在爷爷去世后，她还把奶奶接到身边来生活。

你一点一滴的努力，命运都会看在眼睛里，牢牢地记在心里。作为年轻人，任何时候都不要放松对于自己的要求，也不要总是懈怠。记住，不管多么精彩的人生都是要努力打拼才能得到的，世界上从来没有天上掉馅饼的好事情，也没有一蹴而就的成功。每个人要想活出属于自己的精彩，要想成功地改变命运，就一定要抓住命运中各种转瞬即逝的机会，全身心地投入努力，大张旗鼓地张扬人生。

不是所有人都有好运气，都能有成功的父母和显赫的家世。大多数人要想在人生之中出类拔萃，就要靠着自己努力拼搏。即使现在的努力拼搏看似没有收获，或者没有得到明确的回报，也要坚持去做。你会发现，你的付出已经开花结果，你已经拥有了与众不同的人生。

人生之中，没有一段经历是白白经历的，正所谓不经历无以成经验，哪怕是失败，也会成为人生中最宝贵的经验。付出更是如此，也许付出之后没有得到我们预期的回报，但是那些无形的回报却会悄然来到，例如我们得到了付出的喜悦，也感受到与他人之间的友好与善良，还得到了他人的感谢。西方国家有句谚语，赠人玫瑰，手留余香，就是告诉我们给予本身就是一种快乐。

不拼搏，未来永远不会到来

有人说，人生是漫长的，有人说，人生是短暂的。实际上，人生说长也长，说短也短。要想充实地度过人生，最重要的在于把握当下，活好人生的每一分每一秒。现实生活中，只有三天的时间，昨天、今天和明天。昨天已经成为过去，变成不可更改的历史，而明天还未到来，所以每个人真正能够把握的只有当下，也就是今天。

很多人都了解鲁迅笔下的祥林嫂，一开始大家都会同情祥林嫂，而后来祥林嫂始终沉浸在悲惨的过去之中无法自拔，也常常怨天尤人，渐渐地，大家对于祥林嫂就开始麻木起来。如果祥林嫂能够从愧疚、懊悔、伤心之中摆脱出来，面对未来的人生，也许结局会更好一些。现实生活中，很多人都和祥林嫂一样，总是会陷入无奈的现实之中，也常常对于现实怨声载道，尤其是对那些已经发生、变成历史的事情，他们更是会牢记在心，无法忘记。俗话说，好汉不提当年勇，其实对于过去，不管是光荣的历史，还是让人懊丧的事实，都应该学会放下和忘记。如果因为沉浸在对过去的懊悔之中无法自拔，而失去了把握现在的机会，不能充实地过好今天，那么日久天长，就连明天也会受到影响，变成糟糕的今天。在昨天和明天之中，今天恰恰起到承上启下的作用。只有美好的今天，才能变成无悔的明天；也只有美好的今天，才能为明天铺垫基础。正因为如此，伟大的哲学家们才倡导人们要活在当下，把握好每一个今天。

大学毕业后，女孩对待工作虽然尽心尽职，但是在工作上却出现了重大失误，为此被公司辞退。正在此时，男友也对女孩提出分手。女孩非常沮丧，伤心不已，觉得整个人生都变成灰色的了。有一天，作为厨师的爸爸把女孩叫回家里，让女孩看她展示厨艺。

爸爸准备了三个锅，在里面注入很多水，然后把水烧到沸腾，然后分别把咖啡、胡萝卜和鸡蛋放入锅中煮了很长时间。很快，原本寡淡的咖啡释放出浓郁的香气，胡萝卜也变得软起来，而鸡蛋则因为蛋白凝固，变得硬了。爸爸语重心长地对女孩说："人生就像沸水，不同的人经过人生的历练，也正如这些食物一样，会呈现出不同的状态和滋味。例如，胡萝卜变得软糊糊的，失去了原本的坚硬；鸡蛋则在煮熟之后变硬。唯有咖啡，变得更加美好，这是因为咖啡从本质上来说与胡萝卜和鸡蛋都是不同的。"女儿听着爸爸的话，陷入沉思。

毋庸置疑，不管是像胡萝卜一样妥协和投降，还是像鸡蛋一样与生活硬碰硬，都不是最好的选择。最好的选择是，像咖啡一样改变自身，融入环境，也就改变了环境。当然，对于人生的智慧每个人都有不同的理解和感悟，不强求相同，却应该努力深入生活。

一个人在生活中如果始终停留在原地，就无法取得进步。相反，如果他们能够坚持不懈地去努力，以认真的姿态让整个世界都感到害怕，也在面对人生的昨天、今天和明天时选择正确的态度和做法，那么就能够活出属于自己的精彩，也会让人生变得更加充实和美好！

梦想不是“梦+想”

很多人误以为，梦想就是梦+想。例如在晚上睡觉之前想一想未来，然后在夜晚做梦的时候梦到，似乎这样一来就完成了对于梦想的责任和义务。殊不知，梦想从来不是梦+想这么简单，真正的梦想有高度，有野心，也需要每个人都脚踏实地、坚定不移地去拼搏和努力。否则，只停留在思想阶段的梦想，只会变成空想，最终消散得无影无踪，也不会对于我们的人生起到任何实际性的改变。

曾经有一个科学家进行过一项奇怪的实验。他把一只青蛙放入沸水中，青蛙马上从沸水中跳出来逃生。然后，他又准备了一锅冷水，把青蛙放入其中，然后在冷水下燃烧起微弱的小火苗，持续地加热。这一次，青蛙感觉水温很舒服，根本没有想逃出来的意思。它在水中自由地游来游去，等到发现水温越来越热想要逃离的时候，根本没有力量跳出来。

根据这个现象，有心理学家提出温水煮青蛙的理论。意思就是说，对于人而言，越是困厄的逆境，反而越是能够激发人的斗志，让人迸发出潜能，获得良好的成长。而如果一个人已经习惯了生活在安逸之中，那么他的斗志就会被消磨，他甚至根本不想去改变。最终，他的人生也就注定碌碌无为。

古人云，生于忧患，死于安乐，正是这个道理。在古代，司马光在创作《资治通鉴》的时候，整日废寝忘食，根本不舍得浪费宝贵的时间睡觉，只有实在困得不能支撑下去，他才会小睡一会儿。然而，温暖舒适的床，使得他总是不知不觉间就睡得太久。为此，司马光为自己准备了一个圆木做成的枕头，这样一来，一旦他睡熟，枕头就会滚到一边去，他也自然就可以醒来继续写作。爱默生也曾经说过，如果一个人躺在舒适的软垫上，很容易就会睡着。由此可见，要想努力奋斗，还不能让自己过得太过安逸舒适，而是应该时刻警醒自己，激发自己的潜能。

遗憾的是，现实生活中的很多年轻人，都会犯这样的错误。例如一些大学毕业生在找工作的时候，一定要找安逸舒适、旱涝保收的，还要求拿到高薪水。其实，这样的工作不是没有，大学生也很有可能找到，但是这真的是幸运吗？大学毕业之后的很长一段时间里，都是努力拼搏和奋斗的好时候，如果做着清闲的工作，让自己始终处于慵懒懈怠的状态，那么未来想要动起来，让自己充满活力，只怕也变得不可能。所以真正明智上进的年轻人，不惧怕在工作中多吃一些苦，或者多付出一些时间和精力，而是会更加激励自己不断上进。常言道，力气是用不完的，这正告诫年轻人不要吝惜力气，而是要更加积极主动地付出，从而才能不断地提升自身的能力，也让自己变成真正的人生强者。

人的本能都是趋利避害，每个人都想过着安逸舒适的生活，然而，流水不腐户枢不蠹，人也要动起来，才能戒掉懒惰的坏习惯，让自己充满活力。记住，也许你此刻贪图安逸，但是未来你就会远离梦想。要想真正地实现梦想，就必须时刻保持警醒，也始终对于人生全力以赴。现代社会中生存的确很难，压力也很大，但依然会有强者脱颖而出。所以要想实现梦想，最重要的就是让自己努力振奋，持续增强自身的实力。唯有如此，才能在人生的道路上不断地进步，实现梦想，成就自我！

为了实现梦想，你要全力以赴

现实生活中，有太多的人企图用嘴巴去实现梦想，因为他们总是把梦想挂在嘴边当成口号去喊，却很少真正地付诸行动去把梦想变成现实。在日复一日的拖延中，他们的梦想最终变成了空想，他们的人生也变得非常被动。尤其是很多年轻人，总是以年轻作为资本，觉得自己非常年轻，有太多的机会去为人生拼搏，所以也不急于这一时。实际上，这样的想法是完全错误的。年轻的确是资本，但却是奋斗的资本，是努力进取的资本，而不是放松和懈怠的资本，宝贵的时光总是过得飞快，为此人们才说弹指一挥间。即使作为年轻人，要想距离梦想更近，真正地实现梦想，就要全力以赴去努力，也要争分夺秒珍惜宝贵的人生光阴。

安逸也许会对人产生强烈的吸引力，然而，安逸的日子过久了，你会发现自己斗志全无，甚至对人生都失去了战斗力。不得不说，这正是安逸的生活导致的。然而，想要舍弃安逸，却并没有那么容易，因为人的本能就是趋利避害，没有人愿意这样辛苦地去奔波。所以安逸就像是一个陷阱，往往让人沉下去，无法逃出险境看到更加广阔的人生天地。

大学毕业后，紫荆和爱媛分道扬镳，紫荆回到家乡当了一名老师，而爱媛则背起行囊去大城市打拼。初到大城市的日子，爱媛生活得很艰难，经常住在连手机都没有信号的地下室，过着捉襟见肘的日子。一旦失去工作，根本不知道自己的下一顿午餐在哪里。有的时候和紫荆联系，看着紫荆衣食无忧地生活，爱媛也会质疑自己的选择是否错了。但是，她真的不愿意回到家乡去过那种一天的日子重复一辈子的人生。

几年过去，爱媛在大城市站稳脚跟，在工作上有了很好的表现，而且成为中层管理者。她利用积蓄为自己购买了一套小公寓，房子虽然才三十多个平方米，却好歹在大城市里有了自己的家。这个时候，爱媛回家的时候，不再羡慕紫荆，反而紫荆很羡慕爱媛。紫荆不止一次咬牙切齿在爱媛面前说："我厌倦了这样一眼看到死的日子，毫无变化，如同死水。"爱媛说服紫荆辞掉工作，紫荆一想到自己要和爱媛前几年一样朝不保夕，还要去住地下室，又感到很害怕，马上就失去了辞职的勇气。在这样反反复复的过程中，紫荆有了男朋友，顺理成章地结婚嫁人，而且还有了孩子。这下子，紫荆彻底死了辞职去大城市打拼的心，随着时间的流逝，她也变得越来越像安守本分的家庭妇女。

很多时候，安逸的环境就像温水煮青蛙，让青蛙在感受到水温的时候无力挣脱。相比起紫荆，爱媛一毕业就背起行囊义无反顾去大城市的做法，无疑是很明智的。当然，前提是爱媛要想清楚自己想要怎样的人生，也做好心理准备迎接一切的挑战。

实际上，每个人对于成功的人生都有自己的定义，所以成功的标准是因人而异，不可套用的。但是有一个成功标准却是通用的，那就是要过上自己想要的人生。为了自己理想中的生活，我们才能做到无怨无悔努力奋斗，为了活出独属于自己的精彩，我们才能战胜一切坎坷磨难，有的放矢地面对人生。记住，如果你现在不能当机立断舍弃安逸，你就要因此而放弃更加精彩的未来。当然，如果你的人生目标就是岁月静好，浅笑安然，那么你可以继续安逸下去，因为你的人生理想与奋斗无关。当然，在如今这个竞争激烈的时代中，其实每个人都要承受巨大的生存压力，所谓的安逸舒适只是相对而言。如果命运注定我们要拼尽全力去奋斗，与其延迟，不如抢先，这样至少占据了先机，也可以让自己有更大的主动权。当看到别人取得轰轰烈烈的成功时，不要忘记，每一个人的成功都是全力以赴才得到的！

第04章 请先人一步出发：羡慕别人，不如自己提前努力

常言道，笨鸟先飞。命运从来都是不公平的，每个新生命从呱呱坠地开始，就面临不同的机遇，不但家世背景不同，而且自身的条件也不同。所以不要盲目地羡慕他人，因为人生从旅程开始就注定了有很多东西是不能改变的，那么我们不如提前努力，先人一步出发，这样才能卓有成效地弥补自身的不足，也有的放矢地改变人生的命运，这才是最重要的。

全力以赴，机遇的大门为你打开

现代社会，很多人都抱怨命运不公平，并非是因为命运真的不公平，而只是因为命运没有达到他们预想中的公平。看起来，有些人简直是命运的宠儿，他们总是轻而易举就能得到命运的青睐，也会获得命运的恩赐，因而轻轻松松就活得很好。和他们相比，有些人则没有这样的好运气，常常会被命运捉弄，不由得感慨命运的残酷无常。在这种情况下，与其一味地抱怨命运，还不如把宝贵的时间用于努力，这样才能最大限度激发出生命的潜能，也有的放矢地奔向人生的伟大目标。

在学校里，老师总是教育和劝谏我们，一定要树立人生的理想，这样才能全力以赴去努力，实现自己的理想。然而，大多数人对于这个道理都是明白的，也的确对于美好的未来有着无限的憧憬，但是却很少努力地付诸实践，更是迟迟不会展开实际行动。不得不说，再好的想法如果不能付诸现实，就会变成毫无意义的空想。因而对于每个人来说，最重要的是在人生拼搏的过程中全力以赴，正如人们常说的那样，机遇总是给有准备的人准备的，也只有做好完全的准备，人们才能随时抓住到来的机会，也才能拼尽全力地主宰和改变命运。

有的时候，我们羡慕别人的好运气，却不知道好运气从来不会从天而降，每个人幸运的背后都有努力存在，而且还有可能是长期的、持之以恒的努力。所谓越努力，越幸运，正是由此而来。

对于人生，有的人非常用心也很用力，他们希望能够让人生充实而又美好。然而，也有的人非常轻松，他们始终怀着漫不经心的态度，不管做什么事情都不愿意拼尽全力。正是在这样的状态下，他们变得越来越颓废沮丧，也更加不知所措。记住，人生没有重来的机会，对于每个人而言，人生都只有一种途径去实现所有的可能，那就是努力勤奋、全力以赴。

很久以前，有个木匠年纪很大了，因而想要退休回家。老板对老木匠说："你最后再建造一座房子吧，所谓临别前的作品呈现。"因为想到要回家，老木匠三心二意，把房子建造得大不如前。没想到，等到他把房子交给老板的时候，老板却对他说："你已经跟着我一辈子了，最好的青春年华都在为我做出贡献，这套房子是我送给你的礼物，把家里人都接来一起生活吧！"听到老板的话，老木匠感到非常懊悔，如果知道这套房子是给他自己的，他还会这么三心二意吗？

现实生活中，有很多人都和老木匠一样，总是对于自己的人生不够用心，做事情三心二意。殊不知，你把时间用在哪里，时间就会在哪里开花。你把心思用在哪里，心思就会在哪里绽放。不管从事什么工作，我们都要非常努力用心地去做，这样才能最大限度调整好心态，也才能全力以赴奔向最美好的未来。

人生，永远逆水行舟

朱自清在《匆匆》之中就曾经说过，时间的脚步滴滴答答，从来不曾因为任何原因而停歇过，正因为如此，时间才是这个世界上对每个人都绝对公平的存在。也正因为时间的河流不断地向前流淌，人生才如同逆水行舟。哪怕一个人不想进步，而保持停滞的状态，也会被时间的流逝远远甩下，而当其他人都在不断地努力进取，则相当于巨大的落后和退步。这样一来，一切当然都会变得很糟糕。在人生之中，要想保持相对静止的状态，就要做到与时俱进。而如果想要进取，就要比与时俱进更加快速，才能有所成就和发展。

在《西游记》中，每次那些妖魔鬼怪把唐僧抓走，想要吃掉唐僧以求得长生不老，都会因为拖延而导致孙悟空成功地把唐僧救走。在民国时期，传奇才女张爱玲也曾说过，出名要趁早。总而言之，青春很快就会逝去，人生看似漫长，却在时光流逝之后如同白驹过隙。最重要的在于，我们要更加积极主动地面对人生，要未雨绸缪把很多事情都做在前面，这样才能让人生从逆水行舟的状态之中摆脱出来，更加从容，更加积极。

大学毕业后，爱琳进入一家公司当销售人员。其实，爱琳原本是想找一个文职工作，但是工作实在太难找，最终她不得不从事门槛较低的销售工作。实际上相比起文职工作，销售工作具有更大的挑战性，而且在业绩突出的情况下收入也会更高。为此，爱琳才想试一试。

进入公司第一天，上司就给爱琳一本厚厚的电话簿，让爱琳给那些老客户打电话。然而，爱琳根本不敢打电话。她总是要酝酿很久才会给客户拨出电话，而在电话响了两三声没人接听之后，就赶紧把电话挂断。因此一天过去，爱琳才打通了十几个电话，而且都被对方无情地拒绝了。但是和爱琳一起进入公司的米粒，却已经拨打出去几十个电话，并且还联系上一个有效客户，约定了到公司里看样品的时间呢！整整一个月过去，爱琳一事无成，米粒虽然也没有签下订单，但是每天都过得很充实，不是在打电话，就是带着样品去拜访客户，或者留在公司里接待前来拜访的客户。上司对于米粒非常满意，常常让爱琳向米粒学习。正如上司所预言的那样，又过了半个多月，米粒的付出和积累有了丰厚的回报，成功地签下了好几个订单。

人生如同逆水行舟，不进则退。米粒顺利签单，而爱琳还是这样一事无成，又不愿意突破自己积极地做业务，等待着她的也许就是失去工作，不得不再次四处奔波找工作，却也未必能够如愿以偿找到不需要挑战自我的工作。人的本能就是趋利避害，很多时候，人难免会贪图安逸的享受，尤其是如今很多刚毕业的大学生，都想遭到旱涝保收的铁饭碗，而不愿意去努力拼搏。殊不知，生于忧患，死于安乐，偶尔，我们的确需要把自己逼到危崖上，才能真正激发自己的潜能，让自己勇敢地突破和成就自我。

在人生的道路上，你尽可以停下脚步，但是时间从来不会停下来耐心地等你。时间对于每个人都是公平的，它给每个人每时每刻的紧促感，也督促每个人一定要全力以赴做到最好，这才是最重要的。任何时候，都不要觉得人生苦短，归根结底，要想从容地绽放人生的精彩，我们就要全力以赴，也要不遗余力。也许付出了没有回报，但是如果不付出，就连经验都不可能得到。每个人都应该成为人生的勇士，勇往直前，绝不退缩，让生命呈现出与众不同的繁华景象。

想好了，就坚定不移去做

记得张柏芝和陈青云演过一部电影，电影是以表现出选择恐惧症的人，在面对选择时进退两难的心理和行为表现为基础拍摄的，呈现出特殊心理状态的人群在生活中面临的困境。对于人生，每个人都有自己的理解，有人说人生就是由不断犯错组成的，有人说人生就是由一个又一个选择构成的。每种说法都有道理，实际上归根结底，人生还是由选择组成的，因为哪怕是错误，也是因为选择失误才呈现出来的结果。由此可见，选择对人生很重要。

在这个世界上，面对人生中接踵而至的选择，没有任何人能够保证自己的每一次选择都是正确的。他们常常因为选择失误而陷入莫名的痛苦之中无法自拔，却不知道如果沉浸于不能改变的过去，他们就连现在都是失去，也就没有值得期许的美好明天。因而明智的朋友在选择之后，哪怕面对选择的错误，也会勇敢地承担责任，从而表现出对于选择的无所畏惧，也表现出强烈的责任心和承担的力量。正因为有这样勇于反思和勇敢承担责任的力量，他们才能扛起人生的大梁，也才能拥有充实精彩的人生。

在现实生活中，有选择恐惧症的人，或者是有选择障碍的人，都会无形中走入一个心理上的误区，那就是觉得一旦选择错误，就会导致非常严重的后果。他们为何会这么想呢？实际上，是因为有太多的选项导致的。因此对于有选择恐惧或者障碍的人来说，更少的选项反而更有利于他们做出选择，甚至在没有选择的情况下，他们反而更加笃定且愉快。也曾经有销售人员对市场进行过调查，得出结论认为顾客在面对二十四种果酱可以选择的情况下，选择购买的人比面对六种果酱选择购买的人至少会多一半。然而，当他们针对这个结论进行验证的时候，结果却使他们大跌眼镜。原来，他们先是在大厅里摆放六种果酱，结果在一百个进入大厅的顾客里，有十五个人选择购买果酱。随后，他们在大厅里摆放二十四种果酱，结果同样有一百个人进入大厅，但是最终只有三人选择购买果酱。事实告诉我们，很多人越是面对更多的选择，越是担心自己无法从繁杂的选项中选出最好的选择。为此，他们就会非常迟疑，也久久不能定夺。

然而，现代社会商品越来越多，尤其是对于同类的商品，也因为细微化的差别而表现出诸多的选择。在这种情况下，一定要坚定内心的选择，也不要过多地纠缠于细枝末节，才能当机立断做出最佳选择。有的心理学家提出，当选择太多，就相当于没有选择，这也告诉我们选择的确很难。尤其是那些有选择障碍的人，他们更是会因为对于细节的过度比较而使得自己身心俱疲，这毫无疑问让他们更加厌倦选择。

在现实生活中，选择无处不在。小到在超市里选购什么品牌的一瓶纯净水，大到在生活中选择一套怎样的房子，或者取舍不同的工作机会，选择渗透了生活中的每一个细节，也贯穿在生活中的每一刻里。为此，在艰难地选择之后，我们就要勇敢地面对自己的选择，承担自己的选择，这样才能珍惜时间，也才能逐渐地养成果断选择的好习惯。在商品同质化越来越严重的今天，不要过多地比较细节；在面对很多看似重要的机会时，一旦深思熟虑做出选择，就要当机立断承担选择的责任，这才是最重要的。

选择无处不在，想好了，就要坚定不移地做，这样的选择才是真正有意义的。否则总是耽搁于不断改变的想法之中，只会让我们身心俱疲，头昏脑涨，也会让我们失去最佳的选择机会。记住，当即行动，勇敢无畏，比什么都更加重要。

你与成功之间相差一万小时

当你好不容易决定了要去做一件事情之后，你是当机立断去做，还是反复地思考这件事情的可行性，对于你而言，这样不同的想法将会产生很大的影响，最终决定你是获得成功还是获得失败。如果你总是犹豫不定，那么好想法总是容易错失时机，等到你真正想要去做的时候，时机已经一去不返。而如果你总是能够斩钉截铁当即去做，那么哪怕在做事情的过程中会出现一些突发的情况，或者会遭遇失败，你都获得了宝贵的经验。当然，更大的可能是你曾经设想的那些困难，在事情不断向前推进的过程中，反而得到了很好的解决，你也就可以有的放矢地实现自己的梦想和心愿，这才是最重要的。

现实生活中，常常有人抱怨自己运气不好，认为自己始终得不到好运气的青睐，也没有得到命运的恩赐，而羡慕别人总是轻而易举地获得成功。殊不知，一切的成功都是努力的结果，所有的好运气都是坚持不懈地做好准备才能获得的。在心理学领域，有一个定律，那就是每个人要想成功，包括那些特别有天赋的人在内，都必须付出持久的努力，至少要经过一万个小时的锤炼，才能看到成功的曙光。这个理论很有道理。古今中外，无数伟大人物的成功告诉我们，世界上没有免费的午餐，只有拥有铁杵磨成针的勇气和毅力，才能获得成功的青睐。例如王羲之小时候辛苦地练字，因为每天都要洗刷毛笔，居然把一个池塘里的水都染成黑色的了。再如，爱迪生热爱发明，为了寻找最为合适的材料作为灯丝使用，就尝试了一千多种材料，进行了七千多次实验。还有达·芬奇画蛋的故事也广为流传，由此可见达·芬奇之所以能够创造出美丽神秘的蒙娜丽莎，也绝非一日之功。为了让自己变得更加强大，有天赋的人尚且如此努力，我们作为普通而又平凡的人，就更加要坚持不懈，持之以恒，才能最大限度让自己生活得充实，且有小小的成就。

在匈牙利，有一位伟大的心理学家很信奉“一万小时定律”，为此他决定在自己的三个女儿身上验证这个定律。他的女儿本身并不擅长象棋，但是也并不排斥学习象棋，为此他坚信只要女儿们用心练习，坚持一万个小时，就会有所成就。为此，他安排三个女儿学习象棋，在若干年后，他的三个女儿全部都成为了象棋大师，享誉国际。这充分证明，一个人哪怕从事自己并不喜欢的专业领域，只要坚持不懈地勤奋学习，主动成长，就一定能够成就自己。

常言道，世上无难事，只要肯攀登。在这个世界上，凡事就怕认真二字。看似非常难以战胜的困难，只要充满信心和希望，绝不轻易放弃，就会有柳暗花明又一村的那一天。当然，这里所说的一万小时定律只是一个概数，很有可能天资聪颖的人从事自己所擅长的领域，只需要八千多小时就能初露头角，获得成功，也很有可能有些人从事的是不那么擅长的领域，那么就需要一万五六千个小时，或者是需要两万多个小时才能获得成功，这都是因人而异的。每个人都要从自身的实际情况出发，也要根据事情的进展，有的放矢地调整好心态，也从容地应对一切，这样才能提升生命的效率，为人生创造更加美好的未来。

不努力，不奋斗，你要青春做什么

很多年轻人都以拥有青春作为自己最大的资本，的确，青春是美妙的，也会给人带来很多的机会。尤其是对于那些青春已经悄然流逝的人而言，会更加意识到青春的可贵。既然青春光阴转瞬即逝，作为年轻人，就更要珍惜青春时光，这样才能抓住青春，也才能利用大好的青春时光实现自己的梦想，努力充实和成就自己。

正如人们常说的，不吃苦，不奋斗，你要青春做什么？每个人在一生之中有很多重要的事情去做，也有伟大的梦想需要完成，既然如此，就不要白白浪费时间去抱怨，而是要抓紧时间努力提升自我，这样才能不断地成长，持续地奋斗，也以努力给予自己的人生带来更多的可能性。

遗憾的是，现实生活中，有太多的人迷失在青春之中，总是盲目地迷信青春就能创造一切的奇迹，或者迷信青春会给人带来无限的风光和荣耀。实际上，青春从来不是平白无故而来的，每个人都要珍惜青春，也要充分利用青春时光。在台湾，大名鼎鼎的漫画家朱德庸无人不知，无人不晓，有很多年轻人都喜欢看朱德庸的漫画，也羡慕朱德庸在漫画方面的才华。但是却很少有人知道，朱德庸小时候在学习方面表现特别差，尤其是对于文字类的东西缺乏理解力，因此常常被老师批评，在学习上也很吃力。在小学毕业后，他根本找不到初中去读。后来，父母费了九牛二虎之力才找到愿意接收他的初中，让他继续接受教育。渐渐地，因为在学习上备受打击而失去信心的朱德庸，发现自己只是不喜欢文字而已，而对于几何图形却有着天赋。因而进入初中阶段的学习后，当同学们都因为看不懂几何图形而烦恼的时候，朱德庸却能轻轻松松看懂几何图形，从而在几何学习方面出类拔萃。从此之后，朱德庸喜欢上图形，开始画漫画。在画漫画的过程中，朱德庸对于图形的潜能都被激发出来，因而他找回了自信，对于漫画创作越发如鱼得水，游刃有余。有的时候，朱德庸对于外界的人和事情不满意，回到家里就会沉浸在漫画的世界里，发泄情绪。幸运的是，朱德庸得到了父母的赏识和支持，正是在父母无条件地付出之下，朱德庸才得到机会开始系统地学习画画，也才真正保持住自己独特的天赋。

每一个孩子，都有自己的天赋，既有擅长之处，也有不足之处。在面对不足的时候，不需要过分沮丧和绝望，如果真的不擅长某一件事情，只要努力去做就好，也不要过度苛求自己。记住，一块地，总有一粒种子适合它，如果你现在还没有找到适合自己做的事情，那么就努力去尝试。只要你坚持不懈，总有一天会发现自己的所长，挖掘自己的潜能，从而在学习和成长之中有更好的表现。

每个人都是这个世界上独一无二的生命个体，因此，每个人的人生观、世界观、价值观都是截然不同的，每个人对于成功的定义也带有鲜明的个人主义色彩，带有个性的深刻烙印。既然如此，我们就不要盲目羡慕别人的成功，更不要不分青红皂白就去套用别人成功的经验。任何时候，只有从自身的实际情况出发，有的放矢地扬长避短、取长补短，我们才能最大限度发挥生命的潜能，也让自己在人生的过程中有出类拔萃的表现。

不拖延，人生即刻出发

记得有一首歌里唱道“跟我走吧，天亮就出发，梦已经醒来……”写到这里，脑海中会想起熟悉的旋律。现实生活中，很多人都羡慕身边有人能够来一场说走就走的旅行，而自己却始终被困在原地，无法成功地表现自身的风采，展现自己的洒脱。实际上，困住你的不是外界的人和事情，而是你的内心。如果你能够全力以赴奔向未来，又有谁能阻挡你的脚步呢？

人总是渴望和憧憬着美好的未来，但是又因为趋利避害的本能，导致常常在有了美好的想法之后，又安于现状，不愿意当机立断展开行动，去实现梦想。对每个人而言，他一定要全力以赴实现梦想，才能在人生的道路上砥砺前行。否则，再大的热情和激情，都会被拖延消耗殆尽。古往今来，每一个成功者都有成功的理由，但是在成功的各种理由中，从未有拖延的存在。拖延，只会导致错失良机，导致原本可以取得好结果的事情变得被动，陷入无奈，甚至变得越来越糟糕。所以更重要的在于即刻出发，这样才能抓住宝贵的青春时光，有的放矢地改变人生和命运。

作为大学的同学、如今的同事，莎莎和思思对于人生完全是截然不同的态度。莎莎总是坚持做最好的自己，她主动提升自己，利用业余时间学习各种知识，参加培训班。但是思思呢，真是人不如其名，思思甚至连思考都懒得进行，她的口号是“做最舒服的自己”。可想而知，现代社会，各行各业都在飞速发展，不管从事什么工作，如果贪图安逸和享受，是不可能取得进步的。才进入公司一年多，思思和莎莎就完全不在一个水平面上。

每当报社里有了好的选题或者艰巨的采访任务，主编都会安排给莎莎去做，而思思只能给莎莎打下手，还非常懒惰，眼睛里没活。就这样，三年的时间过去，莎莎已经成为报社里的精英和骨干，而思思却依然原地踏步，甚至还面临下岗的危机。

在成长的过程中，你把心思用在哪里，就会从哪里得到回报，你把时间用在哪里，哪里就会开花结果。很多时候，年轻人常常抱怨自己运气不好，却从未想过那些看似幸运的成功者，在成功之前，在成功背后，到底付出了怎样的辛苦和努力。任何时候，都不要把自己看得太重，只有俯下身体去脚踏实地地努力进取，你才能得到命运最慷慨的馈赠。此外，也不要对于人生有太多不切实际的渴望，归根结底，人生从来没有一蹴而就的成功，唯有不忘初心，砥砺前行，才能得到生活最佳的回馈。

当你身边有很多人都在奔跑，光阴更是如同射出去的箭一样一去不返，你还能停留在原地不动吗？有的时候，一个环节落后于人，就需要花费更多的辛苦和努力才能追赶上来，如果在关键环节落后于人，甚至人生都会受到影响。人生，的确是有起跑线的，既然我们没有办法选择出生的起跑线，那么也就不要抱怨自己哪怕穷尽一生去努力也达不到那些幸运者一出生就拥有的高度，而是要更加全心全意面对人生，也要更加不遗余力地经营好人生。记住，生命从来不是一个短暂的过程，唯有拼尽全力，竭尽所能，这才是对生命更加负责任的态度。

尤其是在面对人生的艰难困苦时，更不要轻易放弃。常言道，困难像弹簧，你强它就弱，你弱它就强。所以不管从什么时候开始，我们都要勇敢面对人生的难题，也要竭尽所能在成长的道路上不断地努力进取，坚持不懈地奋斗。记住，宝剑锋从磨砺出，梅花香自苦寒来，你所认为的别人的好运气，都是他们长期坚持才能得来的。当你也每时每刻都做好准备，全力以赴经营好人生时，你就会发现一切的成长都是水到渠成。

对于何时开始努力，也常常会有朋友不断地拖延，想要从下一刻再开始努力。实际上，人生是经不起拖延的，哪怕你此刻正年轻，以年轻为资本，也必须非常珍惜时间，抓住分秒的时间去努力。古人云，明日复明日，明日何其多，我生待明日，万事成蹉跎。记住，纵然人生有无数个明天值得期待，如果你不能把握当下，过好每一个今天，那么所谓的明天就令人堪忧。在人生之中，看似有无数个日日夜夜，实际上只有短暂的三天时间，那就是昨天、今天和明天。今天，正是昨天和明天中起到连接作用的一天。要想无悔的昨天，我们就要把握好每一个今天，因为随着时间的流逝，所有的今天都会变成昨天。要想拥有美好的、值得期待的明天，我们同样要过好今天，因为今天是明天的基础，唯有在今天为明天的到来进行全方位的铺垫，也让明天更加值得期待，明天才会如约到来，也带给我们梦想中的惊喜。总而言之，从现在开始就展开行动，一分一秒也不要耽误，你才能抓住到手的幸福。

第05章 让自制力成就你：克制自己，才能把握当下的人生

正如一位名人所说的，每个人最大的敌人就是自己，这并非是因为人人都要与自己为敌，而是因为有很多人都无法控制自己，例如他们无法控制好情绪，在遇到引起情绪波动的事情时，也常常会陷入负面情绪之中无法自拔。再如，因为缺乏自制力，他们还会在需要努力奋斗的时候，因为小小的挫折和磨难就无法继续坚持下去，而是选择轻易放弃。在这样的过程中，怎么做才能有更好的成长和发展呢？如何能够成就自己充实精彩的人生呢？所以要想把握当下，成就人生，就一定要克制自己，给予自己更好的成长和未来。

忍耐是人生最强大的能力

提起忍耐，很多人都有错误的理解，总觉得忍耐是怯懦，是退缩，是在很多时候都表现出自己的无能和软弱。实际上，忍耐并非如此。尽管忍字头上一把刀，但是其实忍耐是非常难得的人生品质，一个人只有学会忍耐，善于忍耐，能够控制好自己的情绪和情感，也能够在人生遭遇困境的时候激发出自身的控制力，才能更加成功地驾驭自己。

在这个世界上，并没有绝对的自由，每一个人都要在生活中遵守一定的法律规则，也要遵守很多约定俗成的东西。所以不要奢望得到绝对的自由，也不要肆无忌惮去挑战很多东西。不管是在生活中，还是在工作中，每个人都要学会忍耐，才能激发出自身的潜能，也让自己从容地驾驭人生。

尤其是在现代职场上，同事之间的关系变得更加复杂，为此要想经营好同事关系，在工作中有更加出色的表现，就一定要学会忍耐。所谓进一步万丈危崖，退一步海阔天空，在很多时候，忍耐与不忍耐，就会导致事情的结果截然不同。

一直以来，小雨都不喜欢上司，因为上司对每一位下属并不公平，所以小雨即便非常努力，也因为不合上司的眼缘，而常常面临出力不讨好的困境。但是，小雨很清楚自己的工作本身还是很不错的，是她喜欢的专业，而且公司的实力也很强，薪水待遇很不错。为此，小雨一直忍耐着上司，与此同时自己也非常努力，想要通过不断奋进改变命运。

小雨对待工作非但不懈怠，反而更加认真、勤奋和努力。在闲暇之余，她还报名参加了培训班，希望通过这样的方式来提升和完善自己。后来，公司有一个大项目眼看着就要落空，为此小雨当即自告奋勇，毛遂自荐，提出要负责这个项目。上司对小雨的能力很是怀疑，小雨就破釜沉舟找到上司的上级推荐自己。上级觉得反正项目已经岌岌可危，为此决定死马当作活马医，给小雨这个机会。得到展示自己的机会之后，小雨非常慎重地对待，全力以赴地去解决问题。正所谓功夫不负有心人，在一段时间之后，小雨终于把项目攻克下来，给公司创造了巨大的利润。这次出人意料的成功，让小雨得到了上级领导的认可和赞赏，为此，上级领导破格提升小雨，小雨摇身一变成为上司的平级同事，终于获得了与上司抗衡的力量。当然，她没有因此而扬扬得意，也没有因此而与上司产生不愉快。她很清楚自己之所以有今天的成功都是忍耐得来的，所以她决定继续潜心下来，忍耐，努力，奋斗。

在这个事例中，小雨之所以能够一鸣惊人，就是因为她有着忍耐的精神，也知道自己要想真正地出人头地，必须要以提升自己的能力和水平为首要前提。遗憾的是，现实职场中，有太多的年轻人，甚至是中年人，一旦遭受小小的委屈就会马上选择辞职等极端的方式。殊不知，现代职场人才济济，有很多拿着高学历的人都找不到工作，而已经有了饭碗的人一定要珍惜。最重要的是，哪怕换一份工作，也未必会遇到喜欢的同事和上司，所以与其盲目地杀敌一千，自损八百，还不如调整好心态，努力积极地应对现状，如果不能改变外部的环境，那就改变自己从而更好地适应环境，成就自我。

忍耐，绝不是胆小怯懦，而是勇敢地激发自身的力量，拥有自我掌控力。忍耐是做人的品质，也是至高的智慧。每个人唯有全力以赴控制好自己，坚定不移地朝着自己的目标努力奋进，才能以忍耐成就自己，也才能以坚定的信念成就人生的梦想。

收起拳头，是为了快速有力地出击

如果你曾经观察过拳击手之间的博弈，你就会发现越是那些拥有力量的拳击手，他们最擅长的是收起拳头。这是为什么呢？当一个人把拳头始终伸出来，就不可能具有力量，而只有把拳头先收回来，再快速重拳出击，拳头才会有更强大的力量。其实，这样的招式不但适用于拳击，也适用于生活中很多的情况。

对于人生，你如果想要重拳出击，就一定要先调整好心态，能够潜心下来不断地努力，坚持进取，才能在抓住契机的时候马上重磅推出自己，也从而给予自己更多选择的空间和权利。但是，任何时候都不要抱怨命运的不公平，因为抱怨除了给自己增加烦恼之外，根本不会有任何积极的作用。人生是非常宝贵的，时间更是值得珍惜，与其浪费宝贵的时间去抱怨，还不如把时间用来去努力奋斗。面对人生的各种困境，我们必须积蓄力量，才能最终赢得翻身的机会，改变命运和未来。

公元前496年，吴国对越国发起进攻，结果非但没有占到任何便宜，反而还被越王勾践打败，为此，吴王也身受重伤，回到吴国没多久就一命呜呼。在临死之前，吴王告诉儿子夫差一定要报仇。为此，夫差当即抓紧练兵，过了没多久，就率兵攻打越国。这次，夫差准备充分，所以成功地击败越国，还把越王勾践也俘虏到吴国。原本，勾践想要以死抗争，但是大臣劝说勾践要忍耐，以图东山再起。

到了吴国之后，勾践果然尽心尽力伺候夫差，不但给夫差牵马，还主动提出给老吴王看守坟墓。渐渐地，夫差看勾践这么卑微，对于勾践渐渐失去警惕心。后来，夫差把勾践放回越国，勾践回到越国之后，并没有过好的生活，而是继续粗茶淡饭。为了让自己始终牢记深仇大恨，他在餐桌上方悬挂了一个苦胆，每到吃饭的时候，就会先尝一尝苦胆。与此同时，勾践也命令大臣们发展经济，让军队抓紧练兵。最终，越国国力越来越强盛，兵力也越来越充足，最终勾践再次对吴国发起进攻，成功地灭掉了吴国。

越王勾践如果当初被吴国打败的时候，就选择玉碎，那么也就不会有后来卧薪尝胆、灭掉到吴国的那一天。人生之中，谁能保证自己始终都处于顺遂如意的状态，而不会遇到不如意和艰难坎坷呢？常言道，人生不如意十之八九，意思就是说不如意是人生的常态。既然如此，我们就要学会接受不如意，而不要总是因为各种事情而对生活失去信心，或者变得颓废沮丧。

曾经有位名人说，对于那些真正的强者来说，所谓挫折，就是成长的垫脚石，也是人生的试金石，只会让强者更加强大。而对于那些弱者来说，挫折只会让他们颓废沮丧，甚至一蹶不振。总而言之，每个人在人生之中都会遇到各种磨难，当遭遇磨难的时候，不要随随便便就放弃努力，而是要更加沉下心来，借助不如意的时刻面对自己，提升自己，这样才能在未来有机会的时候当机立断抓住机会，也更好地表现和成就自己。

忍得住，才能成为驾驭自己的强者

当在高考中，你忍不住想要抄袭别人的试卷，而且还真的去做了，那么恭喜你，你得到了复读的机会，甚至如果情节恶劣还有可能接连几年都不能参加高考，这也就意味着你失去了在最好的年纪进入大学读书的机会。在职场上，当你忍不住因为一时的愤怒，而愤愤然辞掉工作，接下来你所要面对的就是奔波于各种招聘会，去不知道实力究竟如何的公司面试，但是工作却遥遥无期。在家庭生活中，当你一时忍不住，就有可能把不听话的孩子狠狠地揍一顿，或者和爱人争吵一通，导致家里鸡飞狗跳，不得安宁。

忍不住的人，常常会与身边的人与事情发生各种激烈的矛盾与争执，而最糟糕的是，忍不住的人总是无法驾驭自己的情绪，更不可能主宰自己的脾气。历史上，周瑜被活活气死，实际上就是因为无法控制自己的愤怒，导致被外界的人和事情主宰了自己的情绪。从这个意义上来说，一个人即使本身的力量非常强大，如果不能驾驭自身的情绪，无法很好地控制自己，就会变得非常软弱。因为如果别人想要战胜他，根本不需要做出切实的行为，而只需要激怒他，就可以让他自乱阵脚，失去方寸。所以说，只有能够主宰和控制自己的人，才能在关键时刻忍得住，也才能真正成为驾驭自己的强者，拥有更加广阔的人生天地。

现实生活中，没有人会是始终一帆风顺的，所以人生不如意是常态，很多人都会在面对人生的困境时，或者是在受到他人有心无意的伤害时，完全搂不住火气。这样的忍不住，而任由情绪发泄，也许一时之间可以享受发泄情绪的快意，但是随着时间的流逝，最终会感到后悔。曾经有心理学家经过研究显示，在愤怒的状态下，人的智商往往会降低为零，就像老司机在遇到红灯的时候要宁停三分不抢一秒一样，愤怒的情绪状态也相当于是情绪的红灯，一旦感受到内心无法控制的愤怒，作为明智者一定不要随随便便做出情绪反应，而是要停下来，让自己的情绪恢复平静，再做决定也不着急。

在现实生活中，误解是经常发生的，记住千万不要因为一时忍不住，就导致误解给自己和他人带来严重的伤害。人生需要的不是忍不住，而是一定要忍住，所谓忍一时风平浪静，忍不住就会鸡飞狗跳。人人都渴望岁月静好的人生，人人也都希望自己在人生的道路上可以顺利地成长和发展，那就一定要忍住。曾经有个男生非常喜欢喝酒，有一次，在去女朋友家里第一次见准岳父岳母的时候，女友再三叮嘱他不要喝酒，但是他看到准岳父拿出了陈年的老酒，一开始或许是出于对岳父的尊重，因而和岳父推杯换盏。但是三杯酒下肚，他开始飘飘然起来，居然主动给自己和岳父倒酒，索性喝到和岳父称兄道弟。看着醉得不知所以的男孩，岳父虽然很满意男孩给自己当个酒友，但是却丝毫不想让男孩当自己的女婿。就这样，在第一次见准岳父岳母之后，男孩与女友之间的缘分就没了。

如果男孩能够忍得住，知道这次与准岳父岳母见面关系到与女友的未来，那么就能够控制好自己，也不至于稀里糊涂就被全盘否定。其实，有很多男性都喜欢抽烟喝酒，除了因为在交际场合迫不得已之外，大多数男性都是因为缺乏自控力，总是犯忍不住的错误，所以才会导致放纵自己，任性妄为。

一个人要想真正变得强大起来，就一定要拥有自控力，这样才能忍得住，才能管好自己，也才能在必要的情况下，有的放矢地发挥自己的潜力，激发自己的潜能，成为更加伟大的自己。记住，人生从来不会重来，一旦因为不负责任的冲动失去各种机会，人们就会陷入困境，无法自拔。在人生之中，一定要减少因为忍不住所犯下的错误，这样才能让人生无怨无悔，也才能避免自己总是陷入无端的懊悔之中。只有真正忍得住的人，才能成为人生的强者，也才能真正驾驭人生，主宰命运！

聪明人不生气，不赌气

历史上，有被气死的人，例如周瑜，就是被气得吐血身亡。这样一位出类拔萃的人物，也是人中之龙，为何会被气死呢？正如人们常说的，有人死得轻如鸿毛，有人死得重如泰山，虽然不能说周瑜死得轻如鸿毛，但是这样被气死对于一个盖世英雄而言的确是非常可笑的。实际上，爱生气的人被气死的概率还是比较低的，最重要的在于，当一个人总是用他人的错误惩罚自己，又因为缺乏自制力而常常无法控制愤怒，使得自己在愤怒的状态下做出失去理智的事情，则会更加糟糕，也会给工作和生活带来很多的弊端。

前文说过，不要因为忍不住而害了自己，实际上，忍不住除了对于很多事情之外，还针对于生活中的情绪。一个人如果不能控制好情绪，常常因为忍不住而歇斯底里地生气，或者因为忍不住而生气、赌气，则他们就会因为忍不住而导致自己陷入情绪的困境，被很多糟糕的事情困住。

常言道，人生不如意十之八九，这就告诉我们不如意是人生的常态，所以不要因为小小的挫折和坎坷，就任由自己的情绪放纵，也不要因为一点点的不顺心，就怨声载道。在人生之中，有的人因为情绪过于放纵，所以就像一个吹满了气的气球一样，总是一戳就破。而那些内心顽强的人，则因为有韧性，如同咖啡一样，用沸水来成就自己的浓香。金庸先生在一生之中，都奉行“不生气，就赢了”的人生理念，诸如他笔下的韦小宝就是一个混世魔王，对生活有着非常强烈的适应能力，最终赚取金钱和美人，成为人生的赢家。当然，不可能每个人都像韦小宝一样丝毫不认真，但是却应该学会忍耐，面对人生的坎坷和磨难，始终都怀着饱满的热情。

一个人唯有拥有强大的忍耐力，才能驾驭自己的情绪，也才能在成长的过程中始终坚定不移勇敢向前。正如人们常说的，每个人最大的敌人就是自己，一个人唯有更加成功地驾驭自己，才能征服和掌控全世界。

除了不生气之外，聪明人还要记住不赌气的原则。现实的职场上和生活中，很多事情都不能让人顺心如意，所以面对人生的坎坷境遇，总有些人因为忍不住而赌气，也因为情绪冲动而做出让自己懊悔的举动。对于很多事情，也许还有补救的余地，但是对大多数事情而言，都是没有机会重新来过，或者去弥补的。既然如此，当情绪频繁地亮起红灯警示我们的时候，我们就要控制好自己，宁停三分不抢一秒，在情绪的巅峰时刻一定要避免做出让自己懊悔的冲动决定。只有静下心来勇敢地面对人生，只有更加坚定不移不忘初心，我们才能从容地成长，愉悦地进步，也才能在人生道路上勇往直前，无所畏惧，更加做到无怨无悔。

命运从来都是公平的，一个人不管在最初来到人世间的时候有怎样雄厚的、让人羡慕的背景，在不断成长之后，都要面对各种不如意和形形色色的人生瑕疵。既然我们自己就是不完美的，就不要奢求生命完美，只有怀着坦然的心境接受这一切，我们才能让自己更从容、更理性，也才能有博大的胸怀容纳百川，让自己在面对很多事情的时候都能够泰然自若地应对。

记住，当你自己稳住阵脚，不忘初心，你就能够成就自我，征服世界！

内心宽容，退一步海阔天空

正如一位名人所说的那样，生气，是用别人的错误来惩罚自己。为此，一定要更戒骄戒躁，才能避免陷入情绪的无底深渊之中，更好地掌握和把控自己，也避免被人生的情绪流弹集中。情绪尽管只是人生之中的流弹，但是它的杀伤力却是毋庸置疑的。为此，把控好情绪，在与人相处的过程中不要因为一点小小的不愉快就陷入情绪黑洞，这对于尽情享受人生，始终保持愉快的情绪非常重要。

很多时候，进一步就是万丈危崖，退一步则海阔天空。生气，不但是向别人发泄愤怒，毁灭人际关系，也是用别人的错误惩罚自己，导致自己的内心焦虑不安，甚至因为愤怒而冲昏头脑，导致自己的智商瞬间降低为零。所以不要一味地怨天尤人，如果不能改变外界的人和事情，就要调整好自己的心态，这样才能从容地面对人生中出现的很多事情，也才能在人生的道路上始终坚定目标，砥砺前行，不因为外界的风吹草动就改变自己的内心，也不因为一些不值一提的事情就破坏自己的好情绪。

曾经有记者采访一对已经在人生道路上携手并肩前行了五十年的老夫妻，问他们是如何在婚姻中保持亲密的感情，一路上不离不弃、相互扶持的。原本，记者以为老夫妻会说出一番让人感动的话或者说出深奥的道理，没想到老夫妻的回答让人惊讶："忍和让。"如此简单的一个词，就是夫妻的相处之道吗？记者不理解，也不敢相信：如果没有深厚的感情和对于爱情的执着，如何能够只凭着忍让就能度过五十年的时间呢？然而，老夫妻的回答没有改变，就是忍和让。

原本陌生的两个人，就因为一时而起的爱情，因而携手走入婚姻的殿堂。把婚姻说成殿堂，实际上是美化了婚姻，而实际上，婚姻从来不是飘然于生活之上的，而是要沉淀到生活之中，充满烟火气息的。在同一个屋檐下生活，牙齿还会咬到舌头呢，更何况是两个生活习惯、人生观念等很多方面都截然不同的两个人呢？因而很多新婚的夫妻都是陷入争吵的怪圈，就是因为彼此要不停地磨合，只有最终把各自的棱角都打磨平整，也都能够更加体谅和宽容对方，才能让爱情维系下去，也才能让婚姻更加长久。

曾经有一对夫妻，丈夫是无锡人，最喜欢吃甜，妻子是湖南人，最喜欢吃辣。才结婚的时候，妻子每次做饭都是无辣不欢，而丈夫就有意见，等到丈夫做饭的时候，就总是做成甜口的，让妻子非常懊恼。为此，他们总是吵架。直到有一天，妻子做饭的时候总是做成甜口的，然后在桌子上准备一碟辣酱给自己，而丈夫做饭的时候总是做成辣的，又在桌子上准备一碗清水给自己。从此之后，丈夫与妻子再也不吵架，而是相亲相爱，恩爱有加。

所谓爱情，也许就在一碟辣酱和一碗清水之间，能够为所爱的人委屈自己，这是对于爱情最真诚的态度。如果自己不曾改变，就不要盲目地抱怨所爱的人，因为你都不曾努力付出，又有什么资格要求对方付出呢？经营婚姻，从来不是一件简单容易的事情，而是非常微妙的。

不管是对于爱情，还是对于婚姻，亦或只是在日常生活中与亲人、朋友相处时，我们都要学会忍让。记住，忍让不是怯懦，也不是一味地退步，而是宽容大度，是与人为善，也是一种美好的品质。现实生活中，每个人每天都要与形形色色的人打交道，与人交往时不生气、不赌气，心甘情愿地忍让，对于我们调整好自己的心情，成就自我，造就自我，是必不可少的优秀品质与人生境界。

有的时候，退让是为了进步

现实生活中，太多人对于进退有着误解，他们一厢情愿地认为只有保持进攻的姿态，才能让自己持续进取，而忽略了有的时候，退让也是一种进步，是迂回曲折的进攻姿态，也是可以更好地维持人际关系的相处之道。

有人说，人生是一场未知的旅途，既然如此，就没有人知道在旅途中将会看到怎样的风景，也不知道旅途最终的目的地在哪里。其实，人生重要的在于过程，而过程的精彩则更多地取决于我们作为旅者的心情和态度。在人生的各种境遇中，如果我们可以全力以赴做到最好，进入人生中更高明的境界固然好，但是如果能力有限，就要学会借力，也要学会与人合作，甚至在与他人产生冲突的时候主动退让，这样才能让事情得到更为圆满的解决，也可以迂回曲折实现我们解决问题的目的。注意，这里所说的是退让，而不是退步。很多朋友都把退让和退步搞混了，觉得退让就是退步，意味着自己非但没有前进反而还朝后退去。退让当然不是如此，就像两辆车在一条狭窄的道路上相遇，如果都僵持着谁也不愿意退到后面宽阔一点儿的地方，让对方先过去，那么就会导致彼此都只能停留在原地。对于任何人来说，做事情都有一个原则，都是要避免损人不利己，而要争取互利互惠。在这种情况下，如果其中一辆车知道自己后面的某一处比较开阔，主动退到开阔一些的地方，避让在道路一旁，那么另外一辆车就可以过去，而它自己也可以顺利地前进。这样互惠互利的事情，何乐而不为呢？

懂得退让，会让人生变得更加开阔和精彩，也可以让人生有更加美好的未来。在与人相处的过程中，或者是在处理很多事情的时候，我们也都可以采取退让的姿态。这样既可以彰显出我们宽容的气度，也可以让我们在人际相处中摆出积极主动的姿态，从而获得他人更好的对待。

最近，小罗正在张罗买房的事情，已经利用平时下班和周末的时间，看了几十套房子。对于其中的有一套房子，小罗是非常中意的，为此通过中介约了房主，想要针对房子的各项事情进行沟通，如果合适就敲定购买。

见到房主，小罗在一番寒暄之后就直奔主题，提出让房主把价格从168万元，让步到165万元。对于小罗的提议，房主当即否定："我不是不愿意让步，是因为我的房价本身就不高，你可以去打听一下，小区里和我同户型的，基本都在172万元上下。我是因为在其他地方已经看好了房子，所以才真心诚意想要处理掉房产的。"对于房主的一番话，小罗当然心知肚明，为此他主动让步，对房主说："我知道您家房子是很好的，也是因为的确喜欢，才在看了几十套房子之后，决定购买您家的房子。要不这样您看行不行，毕竟房子这么贵，我还是希望您能优惠些。我这边也是很有诚意的，我也不坚持165万元了，就166万元吧，这个数字非常吉利，对咱们两家也都很好。”

房主看到小罗主动提高到166万，也不好意思坚持168万，因而把价格降低了五千，到达167.5万。眼看着差距进一步缩小，后来在中介谈判人员的斡旋下，双方再次各让一步，以166.8万成交。这样谈判的过程，让双方都感受到诚意，也都非常愉悦。尤其是小罗，自从主动提高价格之后，就得到房主的好感，房主还提出尽量把不需要搬走的家具电器都留给小罗使用呢！

在买卖过程中，交易双方针对价格一定是出于对立的局面，例如卖家想要多卖一些钱，而买家则希望价格越便宜越好。小罗能够在提出相差悬殊的价格之后主动退让，先行加价，则让卖家感受到他的诚意，也因此对他产生良好的印象。这样一来，就为整个谈判的推进奠定了良好的基础，也让谈判的过程变得更加顺利。不得不说，小罗是在以退让的方式争取得到更大的主动权，也把整个谈判过程顺利地向前推进。

学会以退为进，才能避免在人际相处中表现出高姿态和宽容的气度，也才能表现出更好的品质与对于交往的积极态度。因而我们一定要学会以退为进，才能不断地坚持进步。常言道，大丈夫能屈能伸，记住人生中也许有很多的原则，但是规矩是死的，人是活的，任何时候都不要盲目地遵守规矩，而是要灵活运用规矩，从而给很多事情争取到更加圆满的结果。

第06章 对自己狠一点儿：全力以赴，才能对抗人生的残酷

不可否认的是，人生中的很多时刻，的确是非常难熬的，很多挫折和打击接踵而来，命运的节奏就像连珠炮一样考验着我们的忍耐力，我们一定会忍不住抱怨："命运为何这么不公平？人生为何如此残酷？"然而，抱怨归抱怨，一切都不会有所改变，除了我们的心态。作为一个积极的人，在面对那些无法改变的事情时，必须鼓起勇气挑战自我，突破和成就自我，咬紧牙根，对自己狠一点，逼着自己全力以赴坚持下去，这样才能进入人生之中柳暗花明又一村的人生胜境。

有的时候，你需要咬紧牙根

如果说命运一定会青睐谁，那么它青睐的就是那些能够咬紧牙根、对抗人生挫折的人。所以，要想拥有好运气，要想在人生之中迎来“山重水复疑无路，柳暗花明又一村”的人生境遇，最重要的不是抱怨命运，而是咬紧牙根熬过命运的残酷捉弄，从而带着自己进入人生的崭新境遇。

年轻的时候，你一定对于命运有着不切实际的幻想，总觉得只要自己肯努力，日子就总不至于太难过。然而，当你有朝一日终于见识到命运的残酷，才会开始提醒自己学会接受命运无情的捉弄，也咬紧牙关熬过命运的艰难坎坷。这个时候你才恍然大悟，这个世界从来不是唯心主义的存在，而是以唯物主义的姿态呈现在每个人面前，所以你尽管可以努力，却不要奢求一定可以得到回报。也只有从心底放松对于生活的要求，你才能获得生活赐予你的惊喜。

一年有春夏秋冬四季，一天有太阳升起和太阳落山的时候，如此短暂的时间里，就要在光明和黑暗中轮回，就要在温暖和寒冷中穿行，我们又凭什么要求人生始终都顺遂如意，温暖如春呢？有人说人生是一场未知的旅程，也有人说人生就是在漫无边际的大海上航行。其实，不管是旅程的风景，还是海上的天气，都是充满未知性的。所以当你看到自己不喜欢的风景，或者遭遇狂风暴雨的时候，要放下心来，努力认真地去做到最好。不抱怨，否则会更加被抱怨扰乱了心绪，导致在成长之中面对诸多的困境。只有这样砥砺前行，才能在人生的路途中活得更加美好。

任何时候，都不要抱怨命运的反复无常，因为一个人心里有什么，就会看到什么。一个人有多么相信自己，就会爆发出多么强烈的力量。所谓人生无常，只是因为心中失去了方向，对于一个内心笃定，总是能够从容面对人生的人而言，命运从不无常，更不会反复。最重要的在于，我们要不忘初心，始终牢记着命运的方向，才能坚持正确的方向，绝不放弃与命运的抗争。

很久以前，有两个大学毕业刚刚参加工作的年轻人，因为都是职场新人而遭到老职员的欺负，也因此而内心郁郁寡欢。有一天，他们结伴去深山的寺庙中求助于得道的高僧，也把自己的苦恼全都倾吐给高僧。高僧漫不经心地说："不过就是一碗饭。"高僧说完这句话，就再也不看年轻人，而是开始闭目诵经。

一个年轻人领悟了高僧的话，回到城市之后辞掉工作，完全放下城市的繁华与热闹，而后回到农村的家乡开始布衣农耕，自给自足，回到了农耕时代的生活。而另外一个年轻人也幡然悔悟，意识到：就是挣一碗饭吃，没有必要那么较真，还是先提升自己更为重要。为此，他潜心工作，一直非常勤奋和努力。十年后，他凭着在工作上出色的表现和数十年如一日的勤奋与刻苦，得到上司的赏识，得以提升，如今事业上风生水起，还在大城市里安家落户。

对于高僧的同一句话，两个年轻人有了不同的领悟。我们不能说谁的选择更加明智，只能说如果他们都因为高僧的点化得到了自己想要的生活，那么他们就获得了自己梦寐以求的人生和成功。但是，显而易见，后一个年轻人因为咬紧牙关坚持下去，得到了丰厚的回报。

每个人在人生之中都有自己的烦恼，不工作的全职家庭主妇觉得无法实现人生的价值，工作的职场女性又因为要兼顾家庭而劳累不堪；教师羡慕医生的职业可以救死扶伤，医生羡慕教师的职业可以和可爱的孩子们打交道，看到的都是希望……所以不要再对现状不满，或者活好当下的每一天，或者努力地打破自己的现状，给自己全新的机会去面对一切，这都是很好的选择和最终的安排。记住，人生从来没有回头路可走，不管对于此时此刻是否满意，我们都要全力以赴做好该做的事情，也要牢记凤凰涅槃，才能浴火重生。任何时候，你的命运都掌握在自己的手中，这样有把握的感觉非常美妙，不可言喻。

相信相信的力量

一个人，究竟为什么无所不能，是因为他们有独特的天赋吗？还是因为他们自认为运气很好，总是能够得到命运的青睐？亦或者是因为他们拥有好人缘，所以觉得自己一定能够从他人那里得到助力呢？其实都不是。一个人之所以能够实现梦想，获得梦寐以求的成功，就是因为他们相信自己能够成功，这就是相信的伟大力量。

试想，在做一件事情之前，你就对事情能否获得成功而感到担忧，甚至为此犹豫不定、止步不前，因为你不相信凭着自己的努力可以创造奇迹。在这样的情况下，你还会激发出自身的全部力量，在人生的道路上勇往直前吗？当然不会。你会踌躇不前，也会因此而错失很多千载难逢的好机会，甚至还有可能因此彻底与失败结缘，失去任何成功的可能性。由此可见，要想把一件事情做得成功，最重要的就在于相信自己。相信不但是对自己的信念，而且是非常强大的力量，可以激发我们的潜能，昂扬我们的斗志，让我们在通往成功的道路上更加坚定不移地勇往直前。

很久以前，有一个牧羊人，以给人放羊为生。他的家境很贫寒，但是他也很幸运，因为他有一对可爱的儿子。每次去放牧羊群的时候，牧羊人都会带着儿子们一起。当走到阳光温暖、水草丰茂的地方，牧羊人把羊安顿好，就会带着儿子们一起躺在向阳的山坡上晒太阳。

有一天，他们正躺在草地上聊天，突然，天上飞过一群鸟儿。看着鸟儿在高高的天空中自由自在地翱翔，两个儿子玩兴大发，他们也当即从山坡上爬起来，尝试着蹦蹦跳跳。但是，他们不管怎么努力，都不可能像鸟儿一样飞到天空里。大儿子沮丧地问爸爸："爸爸，为什么鸟儿有翅膀，我们却没有呢？"小儿子也撒娇地对爸爸说："爸爸，我也想和鸟儿一样飞到天空中。"爸爸笑着抚摸着小儿子的脑袋，又看着大儿子的眼睛，非常认真地说："只要你们想飞，总有一天，你们也可以飞起来。"两个儿子都对爸爸的话感到难以置信，但是看着爸爸的眼睛里熠熠闪光，他们又很像相信爸爸的话。从此之后，他们就把飞上天空作为人生的梦想，总是想方设法研究如何才能长出翅膀。

1903年，两个孩子在深入研究鸟儿和风筝的飞行原理之后，居然真的创造出人类有史以来的第一架飞机。这架飞机的诞生，不但意味着兄弟二人实现了梦想，而且意味着人类飞天史向前进步了一大步。他们，就是大名鼎鼎的莱特兄弟，为推动整个人类航天事业的发展做出了伟大的贡献。

莱特兄弟很幸运，因为在他们年幼的时候，父亲就在他们的心中种下了飞天的梦想，让他们坚定不移地相信自己未来一定能够飞起来。正是因为具有相信的力量，他们才能在未来几十年的时间里始终坚持不懈地研究飞翔，也最终制造出世界上第一架真正意义上的飞机。

古今中外，那些成功者之所以获得成功，首先都是因为他们很相信自己。在若干年前，宇宙对于人类是一个谜语，而今天，飞天已经不再是梦想，人类若干次踏上征服宇宙的征程，也真正地把脚印留在其他的星球上。尤其是载人航天的实现，更是让人类对于宇宙的探索进入了崭新的阶段。

记住，不管你是独具天赋的人才，还是普普通通的平凡人，都要相信自己的梦想，也要具有坚定不移的力量支撑起自己的人生。否则，如果你对于自己想干的事情都怀着迟疑的态度，也不确定一定能够实现梦想，那么你的力量就会减弱，你实现梦想的可能性也会变得越来越渺茫。记住，自信就是每个人的翅膀，一个人越是自信，越是坚定不移地相信自己，他的力量就会越强大，他的内心也就会越从容。因为相信，所以相信；因为相信，所以强大；因为相信，所以有奇迹。

不要让自己活在最底层

在大自然中，始终遵循着一条铁律，那就是弱肉强食。自然学家经过研究发现，整个自然界中的生物，都在遵循弱肉强食的规律，其实不仅自然界里的生物如此，人类社会也是如此。正是这个规律构成了食物链，让自然界运行有序。

如果你曾经看过《动物世界》，你就会对于老虎、狮子等凶残的肉食动物捕捉食物的情形印象深刻。在整个动物界里，猎豹的奔跑速度是最快的，就像一支离弦的箭一样射出去，最快速度接近于猎物。但是，猎豹也是有智谋的，并不会始终都以奔跑去追逐猎物，而是常常会隐藏在草丛之中，守株待兔，等到猎物靠近的时候，再以迅雷不及掩耳之势去杀死猎物。当然，如果猎物本身的体格比较强大，例如羚羊、斑马等，那么在体格上并不占据很大优势的猎豹就要颇费一番周折。

猎豹属于猫科动物，身体柔韧性好，行动起来非常快速，也是肉食动物，为此它在自然界里对于食物的要求是很高的，它不吃死掉的动物，而只吃刚刚捕杀的新鲜猎物。当然，在食物链的底端，那些小动物们很畏惧猎豹，一旦看到猎豹就会仓皇地四散逃开。为此，小动物们只能抱团取暖，集合起来去寻找安全的生活环境，或者彼此通风报信，警示整个小动物群体，赶紧逃散，保住性命。然而，正是在这样颠沛流离的奔忙之中，小动物们还是会遇到各种大型食肉动物。然而，物竞天择，这也正是自然界里生存的定律，适者生存，弱肉强食，从而维持着整个自然生态链条的平衡状态。

不仅自然界里生存的环境越来越恶劣，在人类社会中，各种竞争也是异常激烈。企业要想更好地生存下去，就必须不断地推陈出新，这就使得企业在聘用人才的时候，也对人才提出了更高的要求。所以说，整个社会的动态都是环环紧扣的，不能孤立开来去看。

人，到底为什么必须这么努力地去奋斗呢？有人说是为了赚钱，有人说是为了出名，有人说是为了获得权力。然而，一切的追求都可以归结为获取更大的选择权。而要想拥有更大的选择权，就必须努力提升自己，让自己进入人类食物链条的顶端，这样才能成为真正的猎豹，可以挑选食物，而不必像很多食肉动物那样只能吃腐败的食物。

热映的电影《我不是药神》，给很多人都留下了深刻的印象。但是在抱怨天价药物的同时，我们也应该反思：为什么有的人吃得起进口药，有的人却吃不起呢？实际上，这正是因为大多数人都在贫困线上挣扎，没有很好地把控命运。当然，让每个人都家财万贯也是不现实的，然而，作为普通人，我们却也要更加积极主动地把握命运，这样才能在成长的道路上砥砺前行，绝不畏缩和退却。记住，尽管命运没有完全把握在我们自己手中，我们也是这个世界上最能够掌控命运的人。任何时候，都不要随便地就把命运放弃，因为只有你才是你的救世主，才是决定你的前途和命运的上帝。

现实生活中，有太多的人生活得过于顺遂如意，为此他们根本没有想法想要主动寻求改变，也没有想法去创造崭新的人生。然而，命运总是公平的，对于那些不主动求变、贪图安逸的人来说，总有一天，命运会逼得他们不得不奋起努力，从而真正地改变命运。与其被动改变，不如主动改变，这样才能占据先机，也才会拥有更大的主动权，最重要的是，可以让自己摆脱最底层的生活，从而占据更大的优势，让自己的人生天高地阔。

与自己对抗，才能战胜全世界

如果你在走路的时候更加用心，你会发现上坡路比下坡路难走多了，这是因为上坡路要花费更多的精力，付出更大的力气，而且速度也会减慢很多。相反，下坡的时候不需要自己怎么用力，就可以顺着地势快速下行。所以说，上坡路难走。而在人生之中，如果你觉得自己此刻的道路也很难走，走得很艰难、很费力，那么你就要告诉自己：我正在上坡，我正在进步。这么想来，你才能不再抱怨，而是专心致志走好属于自己的道路。

现实生活中，我们常常羡慕别人的成功，却不知道在别人在成功背后付出了多少艰辛和努力。也有些朋友抱怨自己运气不好，觉得都是没有好运气才不能成功，实际上每个人都要与自己对抗，才能战胜全世界。所以当与失败结缘的时候，先不要忙于从外部世界寻找原因，而是要先从自己身上寻找原因，主动反思自己，也从失败中汲取经验和教训，这样才能提升和完善自己。正如一位名人所说的，每个人最大的敌人就是自己，这句话其实很有道理。每个人都要学会与自己对抗，才能砥砺前行，不至于因为沾沾自喜就陷入骄傲自满的状态，也不至于因为对自己过于充满信心就变得自负，最终难堪地摔跟头。

才刚刚大学毕业，陈涛就觉得压力扑面而来。原本在读大学期间，陈涛最大的梦想就是能够留在就读大学的城市，找一份不错的工作。然而，当他通过不懈的努力终于实现这个梦想之后，却发现现实远远比已经实现的梦想更加残酷。在公司里，工作了几年的同事们整天都在讨论大城市的高房价、高昂的医疗费用和教育费用等。结果，听得多了，陈涛也对买房动起了小心思，也开始在网络上看房价。真是不看不知道，一看吓一跳，在学校宿舍住惯了的陈涛，如今和同事合租一个小两居，每个人每个月只需要出一千多的房租，觉得也还好。但是在网上粗略看了房价之后，陈涛简直觉得心里洼凉洼凉的，原来，陈涛租住的房子就要三万多一个平方，还是已经到了北京快六环的位置。陈涛每个月只能勉强养活自己，能结余下来千把块钱就算不错了，这样算来，就算积攒十年，也不够买个厕所的。陈涛沮丧极了。他意识到：房价这么贵，只依靠现在的薪水远远不够，我必须非常努力，才有可能在北京安家。

此后，陈涛每天更加辛苦地工作，也主动地学习，充实自己。每个周末，他从未休息过，而是花费了所有的积蓄为自己报名了英语培训班，学习商务英语。虽然陈涛现在不知道自己有朝一日能否用上这个技能，但是他很清楚技多不压身，在残酷的现代竞争之中生存，能够多掌握一些知识和技能，总是不错的。

走得困难，该怎么办？是放弃走下去，还是更加坚定不移地走下去，当你做出选择，你的人生也会因此而变得不同。有人说人生是未知目的地的旅程，有人说人生是无数个选择组合起来的。当然，在人生中做出正确的选择很重要，可以避免人生走弯路，也可以让人生有更加广阔的天地。

永不放弃的人才能配得上成功

现实生活中，很多人并非没有才华，也并非没有机会，但是他们却始终碌碌无为，平庸无奇，就是因为他们不够狠。说起“狠”这个字，眼前马上就会浮现出一个怒目圆睁、咬牙切齿的角色，这也告诉我们原来内心的坚持和破釜沉舟的勇气，同样会在言行举止上表现出来。那么，狠到底是什么呢？狠，绝不是一时发狠，而是顽强的意志力和坚定不移的信念；狠，也绝不是一时兴起，而是在下定决心之后做出的破釜沉舟、不给自己留退路的行为。现实生活中，有太多的人习惯于在做出选择的时候给自己留下退路，是因为他们不愿意把自己逼到危崖，也是因为他们常常在与自己斗狠的过程中败下阵来。

人的本能都是趋利避害的，每个人都想享受安逸，而不愿意始终辛苦地付出。正是因为如此，很多人在面对小小的挫折时就会轻易放弃，也会在面对未来的人生道路上止步不前。不得不说，当你的内心失去勇气和力量，你也就配不上成功。

真正的狠，是人生中坚定不移要去实现的目标，是一种绝不屈服、不到最后时刻坚决不放弃的意志力。狠角色，不管在面对多大的困境时，都会表现出决绝的勇气，他们为了实现自己的价值，完成人生的梦想，而毫无保留地付出，拼尽全力地努力，永不放弃地坚持。如果你不能做到这些，你就不配拥有最美好的成功，也就无法在人生的道路上活出独属于自己的充实和精彩。

还需要注意的是，想要成功，是要对自己狠一点。现代社会，有太多的人眼高手低，很会要求别人，却不懂得要求自己。例如，父母要求孩子要认真完成作业，多读读课外书，但是自己却总是盯着手机屏幕看，丝毫没有给孩子树立榜样的作用。古人云，严于律已，很多人偏偏把这一点弄得颠倒，即对待自己宽容，对待别人却很严苛。在这种情况下，非但无法督促自己获得成功，还会招惹他人非议，心生不平。

在古希腊，大名鼎鼎的哲学家苏格拉底在哲学领域有很深的造诣，为此常常有人来拜苏格拉底为师，跟随苏格拉底学习。有一天，有个年轻人找到苏格拉底，想要拜师，没想到苏格拉底却带着年轻人去到一条小河边，又趁着年轻人不注意一把就把年轻人推到河水里。年轻人以为这是苏格拉底独特的考察学生的方式，也就不以为然。不想，苏格拉底也紧跟其后跳入河水中，还摁住年轻人的脑袋，想要把年轻人的头摁到水下。年轻人慌了神，为了求生，他再也顾不上什么师道尊严，而是使出浑身的力气把苏格拉底推开，而自己则仓皇上岸。

惊魂未定的年轻人质问苏格拉底到底想干什么，苏格拉底说："我只是想告诉你，要想学好哲学，学出成绩，就一定要有绝处求生的意志力和坚定不移的顽强信念。"

原来，苏格拉底只是想以这样的方式，让年轻人亲身感受一下人在绝境之下求生的意念到底有多么顽强，那是哪怕用尽全身上下最后一分力量也不愿意放弃的决心和勇气。在现实生活中，如果我们对于自己想做的事情始终抱着这样的态度，就绝不会半途而废，更不会白白浪费时间和精力。

每个人都要对自己狠一点，不到最后一刻，绝不要轻而易举地放弃，更不要随随便便地失去希望。很多人都知道山重水复疑无路，柳暗花明又一村的人生境遇非常美好，却不知道要想进入这样的人生胜境，是一定要坚持不懈才有可能到达的。

在动物界里，老鹰是鸟类之中非常强大的存在。这是因为，老鹰对自己非常狠。而且，老鹰特别长寿，据说可以活到七十岁。然而，当老鹰活到四十岁的时候，它的身体会变得很衰老，羽毛越来越厚重，爪子也变得没有那么犀利，为此老鹰面临生存的困境。在这种情况下，老鹰或者等死，或者要找一个地方经历痛苦的过程。这个过程就是，它要用喙狠狠地敲击坚硬的岩石，这样一来，喙就会脱落，而老鹰也能长出新的喙。在新的喙长出来之后，老鹰就会用喙把自己的爪子一根又一根地拔掉，从而让自己长出新的锋利的爪子。最后，老鹰再用锋利的爪子把身上的羽毛一根一根地生生拔掉，直到新的羽毛长出来。这样一来，老鹰就像获得新生一样，再次变得强壮而又充满力量，而且可以尽情地翱翔在天空之中。当然，在新生的过程中，老鹰不但要承受痛苦，而且要承受危险。因为整个过程历时很久，在此期间老鹰很容易受到外界的伤害，甚至受到致命的伤害。但是，这也远远比等死来得更好。

在中国古代的传说中，凤凰要想获得新生，也必须浴火涅槃。其实，道理都是一样的。作为人，我们虽然是万物的灵长，是自然的主宰，但是人的力量也并非是无所不能的。要想持续壮大自己，我们就必须有决心有勇气，也要当机立断，绝不迟疑。你，对自己够狠吗？

习惯成为出类拔萃的自己

一个人，如果沉浸在对自己的幻想之中，总是非常自负，或者觉得自己有出人头地的本领而扬扬自得，那么这样的人很难进步和成长。这是因为他们就像一杯水，把自己看得太满，也就失去了学习和进步的空间。而一个人要想保持进步，不断充实自己，就一定要常怀空杯心态，这样才能腾空自己，让自己拥有更多的机会学习。所谓水满则溢，对于一杯满的水，如何能够继续注入呢？

当一个人习惯于自己不够优秀，那么不够优秀就会成为他的人生常态，甚至在漫长的一生之中，他都会保持不上不下的状态，也从来不逼迫着自己变得出类拔萃。真正明智的人，会把优秀变成自己的习惯。他们不管是在日常的生活和学习中，还是在关键时刻，都会对自己高标准严要求，这样才能循序渐进坚持提升自己，也才能成就更加优秀的自己。

很久以前，有一个年轻人在工作中始终得不到重用，因而非常苦闷，所以去深山老林中的寺庙里求签。看着年轻人愁眉苦脸的样子，方丈吩咐小徒弟："去拎一壶温水来！"小徒弟按照方丈的吩咐去做，很快拎来一壶温水。方丈拿出上好的茶叶，在杯子里放入适量茶叶，又用温水去冲泡茶叶。在水的冲泡下，茶叶并没有明显的改变，而是全都漂浮在水面上，闻起来没有任何香气。方丈让年轻人喝水，年轻人喝了一口就放下了，说："这个茶叶很一般，寡淡无味。"这个时候，方丈又吩咐小徒弟："去拎一壶沸腾的热水来！"小徒弟虽然不知道师父的用意，还是当即照办。

等到小徒弟把沸水拎过来，方丈又拿出一个干净的茶杯，把同样且适量的茶叶放入茶杯里，然后向茶杯里注入沸水。在沸水的冲泡中，茶叶上下飞舞，渐渐舒展，满室都弥漫着茶叶的清香。年轻人忍不住深深地呼吸，疑惑地看着方丈。方丈笑着书说："杯子、茶叶都没有变，变的是水。"年轻人很疑惑："您是说生活就是沸水？"方丈说："是也不是。你也可以是沸水。"年轻人恍然顿悟。走出深山，他不再抱怨周围的环境不好或者自己运气不佳，而是当机立断提升自己的能力，让自己成为一个真正的人才，变得非常优秀、出类拔萃。等到他再面对那些看似艰难的任务时，再也不曾愁眉苦脸过，而是兵来将挡，水来土掩，绝不放弃地努力解决问题。

对于你来说，如果生活是沸水，那么你就要激发自己的浓香，让自己绽放曼妙的姿态；如果你是沸水，那么面对无法改变的生活，你就要以强大冲泡出生活最佳的滋味。唯有如此，你才能成功地突破和战胜自我，也才能真正地成就自我。

任何时候，人都不可能平白无故得来经验，那么如何让自己原本如同一张白纸一样的人生不断地描摹增色呢？所谓不经历无以成经验，我们一定要亲身经历，用心感受，这样才能对于生活有更深的感悟，也才能让自己在成长的道路上不断地前行，持续地进取。

第07章

不要害怕走弯路：见得多了，自然能走上正途

人生，难免要走弯路，这是因为人们在没有真正走弯路之前，根本不知道那是弯路，反而以为那是直路，可以做到最节省距离，也最大化节省时间，提高效率呢！为此，很多父母作为过来人，总是要求孩子按照父母的人生经验去做很多事情，偏偏孩子们不愿意，因为他们更愿意以亲身经历积累人生经验。对于每一个人而言，都要经历吃一堑长一智的过程，当弯路走得多了，在人生之中自然可以走上更平坦顺利的道路。

不能改变，就坦然接受

对于人生，从未有人感到十足满意，这是因为客观存在的一切不可能完全符合人们的心意，每个人还有着贪心，不可能对于所有事情都感到满意。在这样双重原因的作用下，人们就会变得更加不满足，也不知足。实际上，现实之中的外部条件，的确常常不能改变，因此一味地抱怨不能起到积极的作用，与其浪费宝贵的生命光阴去做很多事情，还不如调整好状态，端正心态，从而积极地面对，这样反而能够最大限度处理和解决好问题。

当遇到不能改变的外部环境时，一味地与外部较劲或者与自己较劲，都会让人生的状态变得更加糟糕。所以重要的在于要调整好自己。所谓心若改变，世界随之改变，当这句话建立在唯物主义的基础上，就告诉我们万事万物之间都有相互的作用和千丝万缕的联系，是相互关联和促进的。既然如此，就不要总是抱怨，而是应该更加积极地接纳和改变。

现实生活中，很多人都认为改变自己很难，为此他们以“江山易改，禀性难移”为由安慰自己，却完全忽略了相比起改变外部的一切，改变自己似乎可以当机立断去做，而且也是可以顺利执行的。只有积极地改变自己，我们才能避免抱怨，也才可以专心致志做好自己该做的事情。

人生不如意十之八九，注定了大多数人在面对人生的时候，都会感到不如意，也会感到不满意。但是，不要抱怨。台湾大名鼎鼎的女作家吴淡如曾经说过："改变我所能改变的，接受我所应该接受的，让自己活得精彩，永远不要画地为牢，囚禁自己。"的确，从对生活的态度而言，每个人都应该悦纳自己，悦纳世界，这样才能够坦然接受命运赐予的一切，也理性活出自己的精彩。

巴雷尼从小就身患重度疾病，而且为此留下终身残疾。看到巴雷尼痛苦的样子，妈妈简直心痛得不能忍受的，但是妈妈很清楚，在这样危急的关头，她就是巴雷尼的精神支撑，为此妈妈强忍住痛苦，始终都在鼓励巴雷尼，也想尽办法帮助巴雷尼。

有一天，巴雷尼和往常一样躺在病床上，妈妈微笑着走到巴雷尼面前，对巴雷尼说："孩子，妈妈相信你很勇敢，也很坚强。你一定要更加积极主动，面对命运的坎坷和磨难，这样才能走好自己的人生之路。妈妈相信你一定会做得很好，好吗？"巴雷尼拉着妈妈的手，看着妈妈的眼睛，重重地点点头。后来，妈妈即便非常辛苦和疲惫，也会陪伴巴雷尼一起练习。有一次，妈妈患上重感冒，发起高烧，但是一想到巴雷尼，她又强忍住病痛和巴雷尼一起锻炼。最终，身体强壮的巴雷尼，不再因为残疾而终日卧病在床，他感受到信心和勇气，也感受妈妈的用心良苦。最终，他勤奋学习，成为一名医学家，也获得了诺贝尔生理学和医学奖。不得不说，巴雷尼的成功离不开妈妈的鼓励和支持，也离不开自己的勤奋与努力，更离不开他对生命现状的接纳和承受。

和巴雷尼一样，海伦也是一个重度残疾的孩子。一岁半的时候，海伦就因为一场突如其来的腥红热而失去了视力、听力，成为盲聋哑人。然而，在家庭教师莎莉文的帮助下，海伦坚持学习，不但完成大学学业，而且还坚持创作，从而写出了让整个世界都为之震惊的《假如给我三天光明》。通过这本书，无数人受到鼓励，也都学习海伦直面人生坎坷和挫折的精神。

没有人能够预料自己的一生，更不知道自己将会得到命运怎样的馈赠。只有那些能够战胜命运磨难的人，才能穷尽一生最大限度提升自我，完善自我。有的时候，糟糕的境遇反而能够激发起强者与命运对抗的决心和勇气，这对他们的成长是有很大好处的，也是至关重要的，对他们一生的命运都产生影响。记住，不能改变，就坦然接受，因为只有接受才能战胜。

人生，不是为了别人而活

人是群居动物，因此注定一生之中都要承受流言蜚语。这是因为当一个人做出特定的举动，就总有人对他品头论足，正因为如此，人们才是，谁人背后不说人，谁人背后无人说。当然，也有人说，谣言止于智者。每个人都是人生的主宰，虽然别人有对我们的人生品头论足的能力，甚至那些好为人师的人还忍不住对我们指手画脚，但是他们都无法决定和左右我们的人生。记住，我的人生我做主，我们，没有必要为了别人而活。

现实生活中，偏偏有很多人特别爱面子，也总是为了得到他人的认可和赞赏，就轻而易举地改变自己，在做人方面盲目迎合他人，在做事情方面盲目跟风。殊不知，一个人即使再怎么改变，也不可能赢得所有人的满意，而盲目跟风的行为只会导致我们陷入成长的被动局面，人云亦云，燕人学步，最终反而连自己原本走路的方式都忘记了。

人生短暂，每个人都要珍惜宝贵的生命时光，绝不要付出一生，为了别人而活。其实，对于每个人来说，最大的成功就是活出自己的精彩，而不是活成别人的样子。在人生的旅程中，很多人都会遭到他人的议论和非议，如果自己问心无愧，就不要随意地因为他人的评价而改变自己。当然，当被别人误解和委屈的时候，每个人都难免生气，但是但丁告诉我们，走自己的路，让别人说去吧！既然改来改去也不可能让所有人满意，为何不做真实的自己呢？这样，至少还能活出独属于自己的精彩来！

张丹是一个特别没有主见的人，做事情总是优柔寡断，而且常常因为拿不定主意，导致做事情摇摆不定，最终白白失去机会。虽然已经吃过好几次这样的亏，但是张丹却没有从中得到经验和教训，反而变得更加犹豫起来，对不值一提的小事也有选择恐惧症，生怕自己犯错。

有一段时间，公司里正在进行基层管理人员的选拔，张丹所在的店面，店长不想继续从事管理工作，而是希望把更多的时间用于家庭，为此，店长主动辞掉职务。这样一个非常成熟的店面，是很多想要得到晋升的人都梦寐以求的，张丹当然也眼馋。但是，他不敢向上级领导表达自己的想法，而是非常犹豫。这个时候，老店长鼓励张丹向上级领导毛遂自荐，张丹却迟迟不愿意表态。等到一天之后，他终于鼓起勇气向上级领导毛遂自荐，上级领导却已经对店面有了安排。就这样，张丹错过了一次千载难逢的好机会。

实际上，张丹为何不敢毛遂自荐呢？就是因为他害怕给领导留下不好的印象，遭到领导的非议。其实，有些机会是转瞬即逝的，就像当年平原君要出使楚国，而毛遂抓住机会推荐自己一样。在此过程中，还应该尽力表现出自己的优势，为自己争取得到更多的胜算。

人是活给自己看的，如果总是因为顾及他人的想法或者评价，而常常陷入被动的局面之中，在应该当机立断下决定的时候，却总是不能下决定，那么日久天长，拖延和迟疑就会成为糟糕的习惯，给人的生活和学习都带来严重的负面影响。当然，人也并非生而就很果断与自我的，最重要的在于，要想办法激发自己的力量，从而才能不断地强大起来，也让自己变得更加有个性，更加有主见，这才是真正的成长。

心若安然，人生安然

看着生活中有些人终日愁眉苦脸，心理学家决定做一个实验，从而研究心理焦虑是否有必要存在。他让参与实验者各自把焦虑写到一张纸上，而且让他们分别在纸上写上名字。等到一段时间之后，心理学家再把参与实验者集合起来，从而把当成那张写满忧虑的纸发给实验者。结果，参与实验者发现，当初以为躲不过的焦虑和忧愁，后来根本没有变成现实，这也就意味着那些焦虑和忧愁根本没有必要存在。

你所焦虑的事情大多数不会发生，既然如此，你还有必要焦虑吗？从理性的角度回答，当然没有必要继续焦虑下去，但是从感性的角度来说，在现实生活中，还是有很多人依然陷入焦虑之中无法自拔。其实，心若安然，人生也会变得安然，任何时候，都不要因为那些毫无意义的事情而担忧，更不要因为这些事情的存在而打乱自己原本生活的节奏。记住，人生从来不是顺遂如意的，很多事情的发生根本无法逃避和避免，也要摆正心态，才能随遇而安。

一直以来，亚楠都因为自己在工作上的失误而耿耿于怀。原来，前段时间，她因为不小心做错了表格中的一个数字，给公司带来了巨大的损失。对此，公司并没有追究亚楠的责任，领导和亚楠交流，提醒亚楠一定要对工作认真用心。原本，这件事情就这样过去了，同事们也都羡慕亚楠好运气，没有因此而丢掉工作。听到同事们说以前有人如果犯类似的错误，一定会被开除，亚楠心里非常忐忑。

这件事情过去之后，亚楠总是觉得领导对她的态度变得不一样了，有的时候，领导上班的时候看到她，会和她笑一笑，亚楠也总是表情僵硬，不知道如何面对领导。亚楠总是质问自己：我凭什么不被领导惩罚呢？说不定领导已经和我记仇，就等着找合适的机会来修理我呢？如此想着，亚楠觉得心中越来越不安，居然在工作上又犯了错误，而吓得主动辞职。

在递交辞职报告之后，领导很惋惜地对亚楠说："其实，公司之所以没有处罚你，是因为觉得你才刚刚大学毕业，没有工作经验，因而公司愿意为了培养你，而为你的错误买单的。没想到你居然接连犯错，这就从偶然的失误变成了必然的错误，太令人遗憾了。”听到领导的话，亚楠惊讶极了，她这才知道公司为何不处罚她，不由得懊悔万分：是我自己没有珍惜这个好机会。

现实生活中，很多人会因为各种各样的原因为陷入焦虑之中，变得紧张、恐惧，内心不安。实际上，这些焦虑的原因未必真的存在，也有可能是人们假想出来的。例如亚楠在犯错之后就臆想领导会找机会惩罚她，却没有想到领导如果真的想要惩罚她，为何不在她犯错误的当时就借机惩罚她呢？所以事情一旦发生，就不要总是沉迷于其中无法自拔，而是要看清楚现实，也要学会及时地把事情放下，这样才能保持心中的平静和安然，也才能在做其他事情的时候，有更好的表现。

懂得心安，让自己在这个嘈杂的世界里始终保持安静的状态，这是人生的智慧。尤其是在现代社会，生存的压力这么大，人生之中面临的诱惑又那么多，尤其是人生之中的各种状态，也常常会让人感到焦虑不安，就更要学会安抚自身的情绪，从而让自己在成长的过程中更加淡定从容，也让人生有更为广阔的天地和更为美好的境界。

金无足赤，人无完人

在这个世界上，有那么多片树叶，简直数不胜数，但是如果你用心地去寻找，能从众多的树叶中找到一片绝对完美的树叶吗？当然不能。现实告诉我，绝没有任何一片树叶是完美的。同样的道理，在这个世界上，有着熙熙攘攘的人，那么在诸多的人之中，有一个人是真正完美、无可挑剔的吗？同样也没有。和小小的树叶相比，人会有更多的优点，同时也会有更多的缺点，所谓金无足赤，人无完人，说的就是这个道理。

现实生活中，有很多人都追求完美，但是真正的完美并不存在。如果过度苛求完美，而不能接受生命并不尽善尽美的状态，就会陷入烦恼之中，也会变得非常焦虑。从心理学的角度而言，追求完美的人总是会有强迫症的表现，例如，有的主妇必须把家里的地板擦拭得纤尘不染，有的工作狂必须在下班之前做完所有的事情，有的人必须得到所有人的满意，有的人必须按照自己的想法去做很多事情……在这样的强迫表现中，他们既不原谅自己，也不原谅他人，常常会陷入各种负面情绪之中无法自拔。不得不说，这样的完美的确代价很大，既苛责自己，也会因此而与他人关系紧张，可谓双输。

当然，适度追求完美是可以的，甚至可以对于生活中的很多事情起到积极的推动作用。例如，在积极心态的指引下，每个人才会更加激发出自身的力量，成就自我。否则，一个人如果完全随遇而安，没有任何的野心和期望，则更是会陷入生存的困境之中无法自拔。记住，人生从来不会顺遂如意，只有调动自身的力量，更加全力以赴去做好自己，才能创造精彩辉煌的人生。

喜欢雕塑的人，都对维纳斯有着特别的爱与迷恋。这是因为维纳斯没有双臂，所以就显得更加美丽典雅，也因为残缺，让维纳斯有着完美的女性所不具备的吸引力。很多人为了追求完美，总是把该做的事情无限拖延下去，结果最佳的时机并没有到来，反而导致错失了良机，也失去了做事情的机会。所以对于有完美主义倾向和强迫症表现的人来说，应该只争朝夕，不要过度苛求完美。

自从考上大学离开家的那一天开始，李明最大的梦想就是有朝一日把父母从农村接到大城市，让辛苦操劳了一辈子的父母能够安心地享清福。然而，要想在大城市安家落户谈何容易，在很长的时间里，他都在努力打拼，为了早日挣到钱买房子，让父母在大城市里有一个安稳的家，他甚至过年的时候都没有回家，而是继续留在单位里加班，赚取三倍的加班费。

直到有一天，他终于攒够了钱，也可以买一个小小的家，甚至他都挑选好了宽敞的大床和席梦思，想要给父母一个惊喜。但是，等到他兴致勃勃回到家里想要接父母来到城市生活的时候，却发现父亲已经虚弱不堪地躺在床上很久了。他红着眼睛质问家里的人："为什么不把这件事情告诉我？"家里人说："你一直都忙，不想耽误你时间，父亲也不让说。"他的眼泪簌簌而下。没过几天，父亲去世了，他深切体会到"树欲静而风不止，子欲养而亲不待"的痛苦。

很多从农村考出来的大学生，都很有孝心，也都很希望自己有朝一日能够有能力把父母接到身边来，享受辛苦供养出优秀学子的回报。然而，有的时候，并没有最好的时机存在，如果不在父母可以到来的时候尽孝，等到父母有朝一日离开了人世，即使有再好的条件，父母也是享受不到的。因而追求完美固然是进步的动力，但是过度苛求完美则会让人错失很多转瞬即逝的好机会。生活的本质就是不完美，记得在某一期的《我就是演员中》，对于郭麒麟、任素汐等的表演，沈腾作为嘉宾，从喜剧的角度对他们表示称赞，说他们的表演有生活的小毛茬在其中。沈腾所说的小毛茬，其实就是生活的不完美、小遗憾。

正如一位伟大的哲学家曾经说过的那样，完美本身就是毒，当一个人沉浸在对完美的追求中，他就已经中了完美的毒。对于人生，既不要过度随遇而安，也不要总是苛求完美，凡事皆有度，过度犹不及，只有适度，才是对生活最好的处理方式。

学会放下，才能得到

不得不说，生活的本质就是残酷，为了在这个世界上生存，每一个人都已经拼尽全力，也都已经不堪重负。既然如此，就不要再奢望从生活中得到更多的完美，也不要怀着一颗贪心奢望自己能够一口吃成胖子。生活，从来不会让人顺遂如意，在让无数人纠结的关于得失的问题上，生活也总是给出让人诧异的回答。所以面对命运的反复无常和残酷无情，我们必须学会放下，才能真正得到，也必须学会舍弃，才能真正解放自己的心灵。

很久以前，有个年轻人对于生活不满意，内心倍感压抑和沉重。有一段时间，他甚至因为不堪重负而萌生出家的念头，为此，他去山里和住持说出了自己的想法。主持什么都没有说，而是给了年轻人一个背篓，又安排年轻人："你去后面的山上去吧，那里有很多漂亮的石头，如果你觉得石头特别好，就把它放到背篓里。"年轻人尽管不知道住持的用意何在，还是顺从地背起背篓，开始爬山。一路上，年轻人看到很多漂亮的、奇形怪状的、有趣的石头，他都捡起来放到背篓里。一开始，他爬山还算轻松，随着越爬越高，背篓里的石头也越来越多，他不堪重负，气喘吁吁。好不容易到达山顶，年轻人看到住持已经在那里等着他了。不由得抱怨："住持，这么多石头太沉重了。"住持又告诉年轻人：

“现在开始下山，每下一个台阶，就扔掉一块石头。”结果，下山的感受和上山截然相反，年轻人每下一个台阶就扔掉一块石头，他的背篓里越来越轻松，最终他背着空空的背篓很轻松地到了山下。

回到寺庙，年轻人看到住持正在寺庙的院子里等着他。看到年轻人回来，住持一语不发回到禅房打坐。年轻人不解，追问住持，住持良久才说：“你已经知道如何轻松。”年轻人顿悟。

人生一程，每个人又何尝不像在爬山呢？在生活的过程中，总是看到有好的东西就收藏起来，不愿意放弃，又暂时没有什么用处，因此就背负在身上。很多细心的朋友会发现，很多老人居住的房子里，总是有很多无用的东西堆积，实际上这就是老人在一生的过程中舍不得放下的很多废弃物。最终，这些东西还是难以摆脱被丢掉的厄运，却陪伴老人一辈子，也拥挤了老人生存的空间。因此，要想让人生轻松，除了要学会得到之外，更要学会舍弃，尤其是对于那些不需要的东西，更是要果断地放弃，才能给人生减负，也让生活轻装上阵。

记住，不管是钱财、权力还是各种东西，都是身外之物。我们固然要珍惜东西，却也要学会舍弃。这样才能不断地为人生纳入新的东西，也舍弃一些旧的东西，从而让人生始终保持着新鲜和适度的背负。否则，当人生变得非常沉重，背负者也已经不堪重负、举步难行的时候，人生就会陷入困顿之中，无法自拔。记住，舍弃与得到之间原本是相互转化的，有的时候，舍弃就是得到，得到就是舍弃。只有一路奔跑勇敢向前，我们才能看到人生中更多的风景。

人生，就是含泪的微笑

在人生奔跑的路上，如果你不停地跑着，你拼尽全力，不遗余力，但是跑着跑着，你却被沙土迷住了眼睛，在这种情况下，你会怎么做呢？是停下来哭泣，不敢再去奔跑，还是停下来哭泣，冲刷出眼睛里的异物，然后擦干眼泪继续勇敢向前呢？如果选择前者，你的人生也许不会再掉泪，但是连微笑的可能也彻底失去了，因为停留在原地的人生没有任何惊喜。如果选择后者，在奔跑的过程中，你很有可能再次被风沙迷住眼睛，但是你看到了更多的风景，也得到了无数迎着风奔跑和微笑的机会。具体怎么选，每个人的理解和权衡都不同，但是积极的人生强者一定会选择后者。

关于人生的雕刻时光，曾经有一个非常生动有趣的笑话。据说在一次宴会上，同作为南瓜家族的成员，朴素的南瓜片对高高在上、得到人们赞叹声的南瓜花极其不满，抱怨南瓜花："我们都是泥土里长出来的南瓜，为何你就能得到赞美，我却只能作为配菜出现，甚至不被人们所知道呢？”雕刻精美的南瓜花想了想，一本正经对南瓜片说：“你有没有想过，我经历了多少雕琢，而你又经历了多少雕琢呢？”南瓜片哑口无言，继续默默无闻、心甘情愿地去当配菜了。

你付出了多少，命运最终将会回馈给你多少。所以如果你是一个完整的南瓜，那就既不要羡慕南瓜片，更不要羡慕南瓜花。相传，有个寺庙正在翻建，石匠从寺庙后面的山上找到两块巨大的石头，觉得它们都很适合被雕琢。为此，工匠开始雕琢第一块石头，准备把它雕刻成精美的佛像。然而，石匠才刚刚动工，石头就歇斯底里地喊道：“哎呀，太疼了，太疼了！”石匠无奈，只好停下雕刻。石匠问另一块石头：“你愿意被雕刻成佛像供人观瞻吗？”另一块石头毫不迟疑地回答：“我愿意！”石匠提醒另一个石头：“这可是要经历无数次的雕刻，忍受无法忍耐的痛苦，才能完成的。”另一块石头依然义无反顾：“我愿意！”就这样，石匠开始雕琢这块石头。石头一直忍耐着，不管多么痛苦，连眉头都不皱一下，更不吭声。经过几个月的雕琢，佛像终于落成了，已经变成雕像的石头身上披着红披风，接受每一个信徒的叩拜，威风极了。这个时候，另一块石头因为不能忍受痛苦，已经被粗暴地砸碎，铺在寺庙的进门处，成为石台。它看着曾经的同伴变成了被人叩拜的雕像，羡慕不已。然而，羡慕也是徒劳，它们的命运已经彻底改变了。

如果没有千雕万琢，石头怎么能变成雕像呢？南瓜也不会变成南瓜花。这就和人生一样，一个人如果始终顺遂如意地成长，没有经过岁月的雕琢，就不可能成形。相反，如果能够和勇敢的石头一样，总是忍耐着痛苦，承受雕琢，最终一定会给自己不一样的惊喜。

人生，就是一个含泪的微笑，哪怕脚下有着泥泞坎坷，长满荆棘，我们也依然要竭力奔跑。否则一旦停下来，人生就会止步不前，甚至还会退步，导致人生面临很大的困境。任何时候，都不要忘记展示自己的笑容，你会发现，微笑着的你天下无敌。这是因为在微笑背后，隐藏着你坚强勇敢的心，也预示着你对于人生永不放弃、坚持不懈的态度。笑起来吧，当你含泪微笑时，你就距离强大的自己又更近了一步，也距离人生的成功更加近了一步！

第08章 吃亏中不断成长：豁达一点，有宽恕才有未来

现实生活中，很多人都不愿意吃亏，而希望自己能够赚到便宜，其实，这样只想占便宜不想吃亏的心态，恰恰使得很多人在人生的道路上都陷入困境，也因为一点小小的不如意，就选择不宽恕他人，并且因此禁锢了自己的心。实际上，吃亏是福，任何时候，我们都要学会宽容豁达，才能最大限度原谅他人，也让自己的人生有更为广阔的空间。

甘蔗没有两头甜，人生要先苦后甜

当生命的画卷缓缓地展开，很多人都会急功近利，迫不及待想要得到生活的馈赠，也想要满足无限的欲望。实际上，甘蔗没有两头甜，任何时候，人生都不可能永远顺利，一帆风顺。面对人生中随时有可能呈现的困厄，每个人都要随时做好准备，才能更加理性从容地接纳人生，面对人生。

记住，生命的奖赏从来不在起点。很多时候，生命的奖赏就在拐弯处，没有确定的地点，但是却随时有可能出现在拐弯处。最重要的在于，不管人生的道路多么漫长和艰难，我们都要不忘初心，砥砺前行，这样才能坚持到得到奖励的时候，也才能让自己得到生命的馈赠。

现实生活中，每个人都有可能遇到坎坷和挫折，一旦被这样的障碍挡住生命的去路，就会导致生命停滞不前，就连进步都变得不可实现。只有超越和战胜这些困境，让自己站得更高，看得更远，看到人生更加远大的目标，才能激励自身不断地努力和坚持，最终守得云开见月明。曾经有心理学家经过研究发现，其实大多数人的先天条件都相差无几，之所以有的人成功，有的人失败，就是因为他们面对人生的态度迥然不同。失败者一旦有小不如意，马上就会陷入困窘之中无法自拔，而成功者越是遭遇挫折就越是勇敢无畏。为此，他们表现出更加强大的勇气和力量，也更加气壮山河，英勇不屈。正是因为如此，他们才能更加砥砺前行，绝不畏缩和放弃。

曾经有成功学大师提出，每一个人要想获得成功，就一定要坚持不懈，砥砺前行。这是因为世界上从未有一蹴而就的成功，也不可能有天上掉馅饼的好事，每一份小小的成就背后，都有艰难的付出和坚持不懈的追求。所以作为一个追求成功的普通人，不要觉得未来还很遥远，也不要盲目羡慕他人的成功。唯有从现在开始当机立断地努力，也马上展开切实的行动奔向成功，才能在奔向成功的道路上提高效率，更加勇敢无畏地前行。

作为美国历史上大名鼎鼎的总统，林肯的成功道路堪称一波三折，饱经磨难。1832年才，从大学毕业没多久的林肯遭遇失业的打击，为此，他萌生出从政的想法。在参加州议员竞选的时候，他惨遭失败。1835年，林肯和未婚妻订婚，并且约定了结婚的日子。但是，在距离结婚没多久的时候，他的未婚妻却突然去世。因此，他深受打击，患上严重的神经衰弱，不得不卧床养病很长时间。两三年之后，他才觉得身体和精神状态有所好转，因此于1838年参加竞选州议会议员长。遗憾的是，他再次失败。接下来，他在1834年竞选美国国会议员，继续失败。

在这样的接踵打击下，林肯很失望，为此他决定弃政从商，开办企业。没想到的是，林肯的企业经营不到一年就破产了，这次破产给了林肯在经济上沉重的打击，导致林肯一蹶不振，也因此背上沉重的债务。林肯走投无路，只好继续参加州议员竞选，这次命运终于眷顾林肯，让林肯获得了成功。林肯感到信心十足，对人生充满了希望和憧憬。然而，命运只是对林肯绽放了一点点阳光，此后的日子里，林肯又遭受好几次失败，才于1846年成功竞选上联邦众议员。然而，在两年任期到底之后，林肯想要获得连任，却没有得到足够的选票。因为这次连任的竞选，林肯在经济上付出很多，因此申请土地官员也遭遇失败。然而，林肯从未放弃，即便被以不具备财力和智力担任土地官员为由遭到拒绝，他也绝不认输。1854年，林肯竞选参议员失败；1856年，林肯竞选副总统失败；1858年，林肯竞选参议员失败……直到最终，林肯才成功地竞选成为美国总统，由此彻底掀开了人生的新篇章。

曾经有人进行过统计，林肯在一生之中进行了九次尝试，其中有六次都遭遇失败，只有三次成功，而且三次成功中包括最后一次当选美国总统。这也就意味着林肯在此前的八次尝试中，只有两次成功，但是他却从不气馁，而是始终坚定不移勇往直前，绝不放弃地持续努力。如果没有这样越挫越勇的精神，他如何能够战胜人生的坎坷和挫折，从而最终成为在美国历史甚至是世界历史上都非常优秀和卓越的领导者呢？

记住，生命的奖赏从来不会在一开始的时候，每个人都要非常努力和辛苦，才能坚定不移地持续努力，也才能最终到达既定的目标。古人云，行百里者半九十。这句话告诉我们做任何事情都不能半途而废，否则就会面临同样的结局。只有坚持努力，持续成长，才能山重水复疑无路，柳暗花明又一村。朋友们，成功也许就在眼前你没有留意的转角处，所以不管何时一定要坚持不懈，不到成功的那一刻绝不要轻易放弃，这样才能守得云开见月明，真正等到成功的时刻到来，也获得成功。

吃亏是福，要学会吃亏

古人云：吃亏是福。为何说吃亏是福呢？也有的人说，吃亏是傻，总觉得只有傻乎乎的人才会吃亏。实际上，并非只有傻人才吃亏，而是因为看似傻的人是大智若愚，他们站得更高，看得更远，所以不愿意因为小小的利益就与身边的人发生激烈的冲突。他们志向高远，希望通过一时的忍让获得更大的成功，而这一点恰恰是那些鼠目寸光的人无法理解的。陈胜、吴广起义之前就立志高远，为此别人嘲笑他们，他们却说燕雀安知鸿鹄之志哉。在人生成长的道路上也是如此，那些目标不同、志向不同的人，也往往会有截然不同的表现和作为。因而作为一个有着远大梦想和伟大理想的人，一定要牢记吃亏是福的训诫，也要学会吃亏，擅长吃亏。

对于人生之中的很多事情，大多数人都会犯斤斤计较的错误，总觉得只有占到更多的便宜，才是值得高兴的。实际上，现代社会把人际关系提升到前所未有的高度，人脉资源也成为非常重要的资源，值得每一个人去珍惜。那么在人际相处过程中，学会吃亏也就成为必然。吃亏真的是福气吗？当然。善于吃亏的人，不但有着辽阔的胸怀，而且有着宏大的气度，最重要的是他们对于人生更加坦然和达观，也能够不遗余力去超越。

遗憾的是，现实生活中，总有些人贪小便宜，甚至为此而因小失大。还有些人为了赚到更多的便宜，恨不得不择手段，无所不用其极。不得不说，维护自己的利益，或者为自己争取更多的利益，这原本无可厚非，糟糕的是，这样的方法对每个人的成长而言，并不是一件好事情。一个人一次两次占别人的便宜，别人会认为是偶然或者巧合，如果总是占别人的便宜，就会被人看扁，也会因此而失去良好的人际关系。记住，任何时候，都要把目光放得更加长远，也要让自己站在更高的地方，这样才能看得更全面，也才能得到更加快乐的成长。

古人云，得民心者得天下。古人又云，水能载舟，亦能覆舟。实际上就是在告诉我们，即使作为高高在上的君主，也一定要得到天下人的心，才有治理天下的基础。那么在人际相处中，如果吃一点小亏，能够扭转事情的局面，为自己奠定良好的人际基础，无疑是很值得的。很多朋友也都喜欢看《阿甘正传》，那么一定知道阿甘善于吃亏，所以反而有福气。实际上，大多数吃亏都表现在金钱和物质上，而对于每个人的人生来说，金钱和物质并非是最重要的。

在这个世界上，万事万物之间都保持着微妙的平衡，得到与失去也是会相互转化的。在西方国家有句谚语，赠人玫瑰，手有余香，其实就在告诉我们付出本身就是一种快乐，也是一种得到。既然如此，我们就不要总是因为付出而愤愤不平，更不要为了得到更多反而失去了那些珍惜的感情、人际关系等。人，不管做什么事情，总要做到内心坦荡，安然面对自己，这样才能换来身心的平衡，也才能在得失之间维持微妙的关系。吃亏是福，是因为当你选择舍弃，你其实获得了内心的平静与安然，这对人生的成长来说是至关重要的，也是会促使人更加成熟的。当你学会吃亏，你也就拥有了面对人生的正确态度，当你学会吃亏，你也就可以做到从容应对人生中的得到与失去。

突破人生极限，创造精彩无限

心理学家曾经用跳蚤进行过实验，发现原本可以轻松地跳出玻璃瓶口的跳蚤，在被玻璃瓶口的透明玻璃盖板挡住之后，即使拿掉盖板，也无法再跳出玻璃瓶口。这就意味着，跳蚤对自己进行了限制，导致自己无法再达到可以达到的高度。其实，现实生活中，也有很多人都在过着这样的跳蚤人生，他们总是在不知不觉间限定自己，因而再想突破和超越自己就会变得很难。正如一位名人所说的，每个人最大的敌人就是自己，就是因为每个人无形中都会限定自己，也会导致自己陷入生活的困境之中无法自拔。为此，明智的人会时刻注意突破和超越自己，从而才能成就和主宰自己。

不可否认，在人生的道路上，每个人都会遭遇坎坷与挫折，真正自始至终都很顺遂如意的人生是根本不存在的。为此，要想更好地生存在这个世界上，我们就必须站得高、看得远，就必须拥有开阔的眼界，从而才能突破和成就自我。记住，天无绝人之路，一个人虽然不会永远顺遂如意，但是也不会始终都陷入困境和绝境之中。只要内心充满希望，坚持不放弃，就最终能够在人生道路上守候到柳暗花明又一村。

遗憾的是，在现实生活中，太多人一旦遇到小小的挫折，就会马上放弃，就会否定和批判自己。然而，轻易放弃的人生从来不会得到成功，只有坚持不懈勇往直前，才能笑到最后。成功，永远只属于那些坚持不懈的人，这是因为成功的道路从不顺遂，真正的强者都要战胜人生中很多的困难之后，才能坚定不移向着成功奋进。

有很多年轻人，在初入社会的时候意气风发，觉得自己有无限的潜能，也认为自己可以创造生命的奇迹和神话。但是一旦遭遇挫折和打击，他们的信心马上消失，他们对成功也会变得颓废沮丧，甚至彻底否定自己。不得不说，这样的自我限定，不但使年轻人故步自封，也使他们彻底失去了成功的机会。任何时候，都不要限定自己，这是通往成功的大门，否则连大门都关闭了，成功还怎么会如约而来呢？记住，人生从来没有重新来过的机会，作为一个想要得到生活馈赠的人，你付出多少，就能收获多少。

曾经，有一个年轻人拜伟大的钢琴家为师。让他惊讶的是，第一次上课，这个钢琴家就留给年轻人一个乐谱，让年轻人练习乐谱，等到熟练之后再去找他指导。看着乐谱，年轻人愁眉苦脸，因为这个乐谱难度很大，以他的水平根本无法演奏这个乐谱。足足用了一个月的时间，年轻人才把乐谱熟练地演奏出来。找到钢琴家之后，钢琴家听完年轻人的演奏，又给了年轻人一个乐谱，让年轻人勤于练习演奏。年轻人一看，乐谱变得更难了。然而，他不敢违背钢琴家的安排，只好硬着头皮继续练习。就这样，在一年的时间里，年轻人练习了六个难度越来越大的乐谱。这次，他决定再去找钢琴家演奏乐谱的时候，一定要向钢琴家问清楚："为何不教我演奏钢琴呢？"然而，这次钢琴家没有再给年轻人更难的乐谱，而是把第一个乐谱交给年轻人。年轻人重新演绎第一个乐谱，居然把乐谱演绎得行云流水。年轻人惊讶极了：这个乐谱那么难，我居然演绎得这么好了吗？年轻人看着钢琴家，钢琴家说："我只是打破了你对自己的限定而已。"年轻人恍然大悟。

原来，年轻人对于演奏钢琴一直都很有天赋，但是他却很畏难，也不相信自己可以把钢琴演奏得非常美妙。钢琴家并没有切实指导年轻人，而只是利用自己的权威帮助年轻人打破内心的局限和禁锢而已。现实生活中，有很多人都在经历跳蚤人生，那么一定要勇敢地打破心理高度，从而让自己努力冲刺，突破和超越自己，唯有如此才能创造生命的奇迹。

要想站在山之巅，你要足够努力

记得有一位名人说，他是因为站在巨人的肩膀上，才能获得成功的。实际上，人并不会生而就站在巨人的肩膀上，那么要想攀登人生的巅峰，我们就必须非常努力，才能不断提升人生的高度，让自己站得高，看得远，拥有更加开阔的人生。

现实生活中，很多人都曾经为自己喝彩和鼓掌，这是因为他们知道自己的小小进步得来不易。但是，在看到别人的成功时，却很少有人真心诚意地为别人鼓掌，这是因为他们常常把别人的成功看轻，觉得别人之所以获得成功，就是因为得到了命运的青睐和偏爱，也完全没有费太多的力气。为此，他们总是情不自禁地嫉妒别人，也会因为对别人的成功不以为然，而不能真诚地为别人鼓掌。要想改变这样的状态，就一定要调整好心态，这样才能既看到自己的优势和长处，也看到别人的辛苦和努力。当你端正心态，你就可以从容地接纳别人的成功，见到别人的闪光点和可取之处，这不但有利于让你真诚地认可别人，也有利于让你主动学习别人的优势和长处。

常言道，三十年河东，三十年河西。在这个世界上，没有任何人会一直非常幸运，也没有任何人会始终站在山巅。每个人都会经历人生的波峰和波谷，也会经历人生的得意和失意。在感慨自己人生的喜怒哀乐时，我们也会学会与别人相互鼓励，相互扶持。做人，一定不要小气，而是要拥有宽阔的胸怀，也要拥有心怀天下的气度，这样才能坦然接纳自己和他人，也才能从容面对外界的一切。

在美国的一次总统竞选中，民主党总统候选人克里竞选失败，而布什总统因为得到民众的信赖，因而得到最高的票数，所以成功争取到连任。在这种情况下，作为失败者的一方很有可能会诋毁成功者，也会对成功者的成功不屑一顾，更难以做到去恭贺成功者。但是，克里却有着宽容大度的胸怀，他在得知自己竞选失败的消息时也知道了布什成功争取连任总统，为此他当即打电话给布什，并且在电话里真诚地恭喜布什。布什被克里的胸怀所感动，并且在演讲中大力赞美克里，说自己能够与克里成为竞选对手很荣幸。这样的惺惺相惜，自然让他们在后来的相处与合作中也非常愉快。

不可否认，在得知自己竞选失败的那一刻，克里一定会觉得很难过也很无奈，但是他却能做到理性地恭贺成功的竞争对手，也从容地表现出自己的宽容气度，更以真挚的祝福赢得了布什的认可与欣赏。由此可见，在人生的道路上，我们总要学会宽容和欣赏他人，这样才能最大限度激发自身的力量，也有助于自己的成长和进步。

任何时候，不要因为别人比自己优秀就嫉妒别人，要知道，你要想站在山巅，就必须非常努力地提升自我，这样才能鼓舞自己不断地努力进取和发展，也才能真正地成就自我。任何时候，人生都没有回头路可以走，对于很多事情，必须一步到位，争取做到最好，才能获得好的结果。一个人，当看到身边的人比自己更优秀的时候，要真心诚意地为身边的人鼓掌，这样才能以开阔的心胸赢得他人的尊重，也才能让自己在生活和事业中都有所成就。有的时候，为别人鼓掌，也就是为自己鼓掌，这正是双赢的结果。

很多事情都不值得计较

现实生活中，没有人愿意因为一点儿小事情就与他人斤斤计较，因此，心胸开阔的人从来不把无关紧要的事情牢牢记在心上，但是心思狭隘的人，哪怕知道总是因为一些事情而生气是不好的，也无法真正做到豁然开朗。为此，最重要的是要调整好心态，这样才能最大限度激发生命的动力，也才能让自己具备广阔的心胸。

人，最宝贵的是生命，然而，气大伤身，如果总是为不值得计较的小事情而生气，那么日久天长，很多问题就会带来各种麻烦和纠纷，也会变得无法解决。不可否认的是，生活总是琐碎的，如果我们总是因为琐碎的生活而陷入各种被动的境遇之中，那么就会失去本心，迷失自我。既然人生的光阴非常宝贵，而且一寸光阴一寸金，那么我们为什么不最大限度把时间利用好，也让人生变得更加充实呢？

尤其是在人际交往中，如果一个人总是因为各种各样的原因与他人怄气、赌气，渐渐地，他们就会失去好人缘，也会变得人人见到他们就很讨厌。此外，小心眼的人还会表现出自己小气的一面，也会为此而导致自己的人生道路越走越狭窄。要想改变这样的情况，最重要的在于要把目光放得长远，这样才能看到更远处，也才能让自己的心更加释然。尤其是在现代社会，人际关系被提升到前所未有的高度，人脉资源也成为非常重要和丰富的资源。为此， 每个人除了要爱惜自己的身体，减少生气的次数之外，也要处于人际关系的角度考虑，与人为善，与己为善。

2018年10月底，整个中国都笼罩在非常悲哀的气氛之中，这是因为重庆的一辆22路公交车坠入长江下七十一米深的地方，经过八十多个小时的打捞，才得以打捞出来。但是，坠入江底的整车人全部都失去了宝贵的生命。在事故发生之后，人们通过道路上的监控录像看到了公交车坠江的瞬间，但是对于公交车里面发生的事情却毫不知情。直到把公交车打捞上来，通过黑匣子，才看到了当时的情形。原来，有一位女乘客因为没有听到车上的报站，导致坐过了站，因此与公交车司机发生了激烈的争吵，而且还动手与公交车司机打架。不得不说，公交车司机握着方向盘，也对整车人的性命负责任，但是他却因为一时生气，腾出一只手来与女乘客互殴。结果，悲剧就在几秒钟之内发生，当他收回右手的时候，突然打轮，导致公交车冲破大桥上的护栏，坠入江底。不得不说，这位女乘客的道德素养很低，自己坐过了站，却抱怨公交车司机。也不得不说，这位公交车司机因为缺乏自控力，对情绪彻底失控，因而导致失去理智，在短暂的时间内做出混乱的举动，结果丢掉了整车人的性命。现在，逝者已经逝去，我们无从得知公交车司机在当时愤怒的一瞬间到底是怎么想的。但是，有一点可以肯定，那就是不管他处于什么动机突然向左边打方向盘，都是因为他失去了自控力，完全不能控制自己。否则，他完全可以踩刹车，从而在保障全车人生命安全的情况下，与女乘客好好理论一番。再或者，这位公交车司机如果有气度，不生气，那么也许争吵不会发生。

在现实生活中，每个人都肩负着自己的使命，也承担着一定的责任。任何时候，都不要因为一时冲动而做出失控的举动，否则等到懊悔的时候就已经悔之晚矣。对于人而言，最宝贵的是生命，以珍惜生命为原则，我们更应该理性地与身边的人相处，这样才能保证健康，也才能获得良好的人际关系。记住，在生命面前，一切事情都显得没有那么重要，既然如此，还有什么必要总是生气，或者总是感到懊丧呢？记住，生命大于一切，生命是1，其他的一切都是0。对于人生，我们既要认真，也要避免认真，这就像是在以精确见长的数学领域，也同样需要模糊一样。

有些烦恼没有必要存在

三毛是一个传奇的女子，为了爱情，她曾经义无反顾地与荷西深入撒哈拉沙漠生活。正因为她细腻的文字，很多人才从三毛的笔下见识到撒哈拉沙漠，也开始了解撒哈拉沙漠。在撒哈拉沙漠里，有一种沙鼠非常奇怪。这种沙鼠每到干旱的季节来临，都会囤积很多的草根，作为在干旱时节里的粮食。为此，它们整日都忙忙碌碌，几乎没有闲暇的时候。它们是那么辛苦，却从不抱怨和休息。它们不但要把草根运送回到洞穴，还要咬断草根，为此，他们总是忙忙碌碌。现实的情况却是，沙鼠尽管积蓄了大量的草根，但是他们最终并不能在一个干旱季节就消耗掉这些草根。然而，等到又一个干旱季节即将来临的时候，沙鼠还是和之前一样忙碌，而丝毫没有意识到自己可以不用储备那么多的粮食。

有心理学家针对沙鼠的表现进行研究，发现沙鼠无须这样焦虑和不安，也不用这么劳累和辛苦。但是在经过大量的研究调查发现，沙鼠之所以如此忙碌和辛劳，就是因为它们一代一代相传，所以才会形成了焦虑的基因。有心理学家把沙鼠捕捉起来，关闭在安逸的环境中，结果沙鼠因为没有草根可以去积蓄，居然濒临死亡。很多朋友看到沙鼠有这样的表现一定会觉得可笑，而实际上，人类社会中，也有很多人会和沙鼠一样，不知道如何调整自己的心态，帮助自己获得更多的安心和快乐。他们总是过度未雨绸缪，最终变成杞人忧天，也常常会陷入各种无端的困境中，导致自己在成长的道路上迷失自我。实际上，只要心安然，人生也能变得安然。作为一只沙鼠，一定要更加全力以赴去努力，才能最大限度圆满心愿，也才能真正地给予人生幸福安享的感受。

有心理学家曾经对人们的烦恼进行调查，发现大多数人之所以烦恼，就是因为他们总是无端忧虑，实际上，人们所担忧的事情基本不会发生，所以学会放下烦恼和忧愁是非常重要的。

每一天，多多都愁眉苦脸的，自从上了初中之后，他似乎就没有开怀地笑过。对于多多的表现，妈妈问多多："多多，你为什么这么忧愁呢？"多多说："每天都有这么多作业需要完成，写完了今天的，还有明天的，好不容易到了周末休息，老师会布置更多的作业。"妈妈安抚多多："每个孩子都要学习，都要完成作业，况且，今天的你只需要完成今天的作业，为何要因为明天的作业而忧愁呢？"多多回答："因为睡一觉就到明天了。"妈妈笑起来："虽然睡一觉就到明天了，但是你并不需要为了明天而烦恼。因为睡一觉之后，你的精力也会更加充沛。"听到妈妈的话，多多渐渐地调整心态，变得释然。的确，既然明天要主动到来，我们还有什么必要忧愁呢？因为忧愁并不能解决任何的实质性问题，而只会让我们更加被动和沮丧。记住，人生中，每个人真正能够抓在手里的只有今天，既然如此，就要全力以赴活好每一个今天，才能避免为了昨日而后悔，也才能拥有值得期待的美好明天。

第09章 没有轻松的成功：敢于冒险，人生才有无限可能

这个世界上，从未有天上掉馅饼的好事情，也没有一蹴而就的成功。对于每个人而言，与其奢望不劳而获得到成功，还不如勇敢地冒险，这样至少可以保证人生有无限的可能性。记住，当你原地踏步，人生也会停滞不前，而只有勇敢冒险的人，才能发现人生的无限可能和崭新天地。记住，哥伦布之所以成功，就是因为他敢于冒险，否则也许至今为止依然没有人踏上新大陆呢！

不迟疑，才能抓住好机会

在人生之中，机遇是一种非常奇妙的东西，总有人为了抓住机遇，而想方设法地努力，但是最终却与好机会擦肩而过，也为此懊丧不已。实际上，机会从来不会就在那里等着你，一个人也必须非常勤奋努力，才能最大限度打开机遇大门。正因为如此，人们才说机会总是给有准备的人准备的。那么如果你没有做好准备，总是懵懂度日，就不要抱怨自己没有好运气。

如果说机遇一定像什么，那么可以说机会像小偷，这是因为机会很少大张旗鼓、光明正大地来到人们的生活中，而总是悄无声息地到来，也总是会漫不经心地离去。对于每个人而言，不要等着机会来敲门，而是要始终瞪大眼睛观察机会是否已经来到自己的身边，才能有的放矢地去抓住机会。当等待了很久却没有发现机会的踪迹时，还要更加主动地去创造机会。但是不管是等来的机会，还是创造的机会，对想要拥有它们的人而言，都必须全力以赴，绝不懈怠。

在19世纪中叶，美国西部兴起了淘金的浪潮，很多人都涌到美国西部去，争先恐后地淘金。不得不说，这些人都有着强烈的功利心，也梦想着一夜暴富，所以才会这样仓促和迷茫。在这些淘金的人群之中，有个男孩才十几岁，他也想通过淘金改变命运。他的名字叫杰米。

杰米家里很穷，没有钱买船票，为此他就背起行囊朝着西部走去，有的时候也会搭乘顺风车，就这样日夜兼程，杰米很快到达了奥斯汀。奥斯汀有很多金矿，但是生存条件非常恶劣，最可怕的是没有水源，所以很多人淘金的人总是口干舌燥，也为此叫苦不迭。听着同伴们因为干渴而发出的抱怨，甚至有人说宁愿付出一块金子来换取淡水，杰米突然灵机一动想到：既然在这里金子还没有淡水资源更加宝贵，我为何不用淡水来换取金子呢？想到就干，杰米当即就开始想办法寻找水源。为此，他购买了挖掘水源的工具，开始朝着地下挖掘。很多人看到杰米这样做无用功，都嘲笑杰米，但是杰米却坚定不移地去做。

正所谓功夫不负有心，在经过长久的努力之后，杰米终于挖掘出一口水井。后来，他从未淘金，而是把这些水卖给那些淘金的人，自然就得到了很多金沙，甚至是金块。就这样，杰米比那些淘金的人更快地暴富起来，后来他借助这次赚到的钱还开办企业，成为了真正的大富豪。

在现实生活中，几乎每个人都做着成功的梦，他们渴望着一夜成功，也渴望着生活就此可以平步青云。然而，天上没有掉馅饼的好事情，很多时候，当我们一心一意只想马上获得成功，却忽略了在成功道路上隐藏着更多的契机和可能性。

上帝对于每个人都是公平的，只是有的时候机遇隐藏在看不见的地方，所以我们根本无法发现并且抓住机遇。现实生活中，常常有人抱怨命运不公，与其浪费宝贵的时间去抱怨命运，还不如全力以赴更加积极地面对人生。记住，当外界不能改变，我们就要努力改变自己。当机会不能轻易得到，我们就要努力地创造机会。唯有如此，我们才能更加积极主动地面对人生，也才能勇敢地创造属于自己的好机会。

做第一个吃螃蟹的人

人类文明发展到今天，之所以有如今的繁荣昌盛，是因为有很多勇于当先的人，创造了很多第一次。例如，以前的人不敢吃西红柿，把从西方流传到中国的西红柿称为爱情苹果，有了第一个不怕西红柿有毒，吃掉西红柿的人，我们如今才有了如此美味的蔬菜。以前，人们不敢吃螃蟹，觉得螃蟹张牙舞爪的，看起来就很吓人，如果没有第一个吃螃蟹的人，人们现在怎么可能有这么美味的食品可以享用呢？人类文明的发展，时代的进步，永远都离不开那些勇于创新者，正是他们才能推动整个人类社会不断地向前发展和进步，也正是他们才能推动整个人类社会努力进取，勇往直前。

在如今的时代里，创业的机会很多，但是真正敢创业的人却很少。一旦提起创业，人们就会感到非常艰难，实际上，创业并不想人们所想的那么可怕，我们固然要未雨绸缪想到创业过程中有可能会遇到的困难，但是也要有的放矢认识到，有些风险的确会发生，也有些风险未必会发生。在现实生活中，赌博是会被禁止的，但是实际上，人生之中总要有些赌博的精神，才能最大限度激发自身的潜能和力量，也才能让自己在人生的道路上更加无所畏惧，勇往直前。

实际上，创业既难，也不难。关键在于，我们要有一颗积极热情的心，才能在创业的道路上坚定不移地勇往直前。如今，很多女性都喜欢使用玫琳凯化妆品，实际上，玫琳凯的人生并不是一帆风顺的，之所以能够在困境和逆境之中反而激发自身的力量，拥有伟大的事业，与玫琳凯在人生道路上坚定不移地前进，有密不可分的关系。

玫琳凯结婚很早，才二十岁就已经成为带着三个孩子的单身妈妈，为此日子过得特别艰难。尤其是对于这样一位年轻的女性来说，更是觉得人生举步维艰。然而，玫琳凯没有放弃努力，而是继续一往无前地努力进取。她先是去读大学，后来去一家公司销售家用消耗品。为了激励自己更加努力，她会以每个星期为单位，把自己要完成的销售目标写在卫生间的镜子上，这样一来，她早晨的时候对着镜子梳妆，就可以看到目标，以此激励自己。如此，时间过了十几年，玫琳凯已经拥有了丰富的销售经验，而且在一家新公司里获得了很高的职位。但是，玫琳凯在工作中常常感受到来自他人异样的目光，也常常因为身为女性而受到不公正的待遇，为此，她决定改变自己，放弃已经不错的工作，从而开创自己的事业。

一开始，玫琳凯不知道如何去做，为此她决定根据自己努力拼搏的经历去写一本书。后来，她在完成书的大纲时，突然想到：我有这么丰富的销售经验，也知道应该如何去做，既然我能写书去指导别人，为何不能亲自去做，去实践呢？玫琳凯相信自己一定会获得成功，因此当机立断决定创业。新公司成立之初遇到了很多困难，但是玫琳凯始终都没有放弃，而继续努力去做得更好。在她的带领下，公司经营得越来越好，她的事业也渐渐地步入正轨。就这样，玫琳凯公司在1976年成功上市，而在此之前，还没有任何女性拥有的公司获得如此大的成功呢！如今的玫琳凯在全世界范围内都发展强劲，而且拥有大量的女性职员，可以说，玫琳凯不仅是女性适用的化妆品，也是女性创业的先驱。

如果就这样被世俗的观念打倒，虽然做得很多，也表现很优秀，但是却始终因为是女性而被人小看，那么玫琳凯就不可能获得后来的成功。真正的成功者，总是有着不服输的及精神，也总是会在成长的道路上不断地坚持进取，勇敢地成为第一个吃螃蟹的人。

现实生活中，很多人都羡慕他人总是能够获得成功，拥有至高无上的地位，也拥有最大的权力，却不知道他人的成功从来不是平白无故、一蹴而就获得的，任何时候，我们都要不忘初心，砥砺前行，才能在人生之中获得更好的成就。记住，人生从来没有回头路可走，很多好的机会也总是转瞬即逝的。要想抓住成功，我们就必须非常勤奋和努力，也要真正地全力以赴，这样才能最大限度调整好状态，也以端正的态度面对人生。记住，成功只属于真正的强者和勇者，如果你不想在人生之中落后，就一定要坚定不移做自己，也要全力以赴创造独属于自己的精彩人生！

成为不能被埋没的金子

古人云，千里马常有，而伯乐不常有。由此可见，即使作为一匹千里马，要想得到伯乐的赏识，也没有那么容易。在以前，人们常说酒香不怕巷子深，那么在现代社会各行各业竞争如此激烈，而且人才济济的情况下，酒香也怕巷子深，是金子也有可能被埋没。为此，我们就要更加激励自己努力前行，也要学会推销和展示自己，才能拥有更好的成长和发展。

其实，对每个人来说，最重要的就是要提升和完善自己，这样才能最大限度激发出生命的本能，也才能呈现出最精彩的自己。然而，遗憾的是，有很多人在面对人生的困境时，常常不知道如何呈现出自己最佳的状态，而且他们也缺乏推销自己的意识。实际上，有很多从事销售行业的精英都知道，一个人要想成功地销售商品，就一定要先把自己推销出去。反过来说，一个人如果无法把自己推销出去，那么他们也就绝不能成功地销售商品。从这个角度而言，现代社会的每一个人如果不想默默无闻、碌碌无为，就要学会推销自己，也要学会成就和完善自己。

不可否认，在现实生活中，的确有很多人因为幸运地遇到生命中的贵人，遇到伯乐，所以人生发展非常好。甚至有些才华并不那么突出的人，也因为得到了贵人的赏识，得到了更加合适的人生舞台，而表现出自己的强大和精彩。但是，如果你没有这样的幸运遇到伯乐呢？难道就此自甘平庸，沉沦下去吗？当然不是。对于人生的不如意，你一定要更加积极主动，这样才能主宰和掌控命运，才能主动出击，证明自己的实力。

战国时期，秦军对赵国展开进攻，把赵国的都城邯郸如同箍铁桶一样团团困住。赵王心惊胆战，生怕遭遇亡国之灾，为此他当即决定要派人去游说楚王，从而让楚王答应派兵解除赵国的危机。思来想去，赵王决定派出平原君去游说楚王，平原居深知自己这次的游说任务非常艰巨，而且关系到赵国的生死存亡，为此他决定从门客中挑选出二十个人来，从而带着一起去楚国，为自己游说楚王出谋划策。然而，平原君在门客中精心挑选，最终只选出十九个人来，无论如何也选不出第二十个人。这个时候，平原君门下一个叫毛遂的人主动推荐自己："我叫毛遂，想跟随您一起前往楚国。"对于毛遂，平原君毫无印象，为此他问毛遂："你在我门下有多久了？"毛遂回答："三年。"平原君说："三年，时间不短了，如果你有特别的才华，就像钉子在布袋子里一样，早就已经钻出袋子被我看到。但是你三年来始终默默无闻，我觉得你也许没有这样的才华跟随我出使楚国吧！"听到平原君这么说，毛遂并不懊恼，而是充满自信地说："一个钉子如果不在布袋子里，自然是不会钻破布袋子的，只有当钉子在布袋子里的时候，才会钻破布袋子。您只要把我装入布袋子，我就会脱颖而出。"看到毛遂气定神闲，说起话来头头是道、不卑不亢，平原君决定让毛遂跟着他一起出使楚国。

到了楚国，尽管平原君费尽唇舌给楚王分析天下的形势，但是楚王就是不愿意出兵援助赵国。他们从清晨谈到中午，始终毫无结果，为此门客们急得团团转，谁也没有好办法可以助平原君一臂之力。这个时候，毛遂不顾门外士兵的阻拦仗剑走入宫殿，径直走到楚王面前，对楚王说："楚国和赵国联合起来才是正道，对于这么毫无悬念的事情为何谈了这么久，都没有结果呢？”楚王看到毛遂很不高兴，质问平原君：“他是谁？”平原君向楚王介绍了毛遂，楚王不屑一顾对毛遂说：“这里还没有你说话的份呢！”毛遂突然拔剑出鞘，走到楚王身边，对楚王说：“大王，我现在就站在您的身边，即使您有再多的侍卫，也无法阻止我杀死您。你的性命完全握在我的手中，您还有什么可以叫嚣的呢？”楚王意识到自己的性命岌岌可危，再也不敢呵斥毛遂。这个时候，毛遂慷慨陈词，诉说大义：“楚国实力强大，完全有力量和秦国对抗，如今却故步自封，看到秦国就很害怕，这简直是一种耻辱，我们赵国人都替你们害臊。如今，我们想要和你们联合起来对抗秦国，尽管是帮助赵国解除围困，实际上你们也正好借此机会一雪前耻，我们里应外合，彼此扶持，才能得到更大的胜算。你们却总是推三阻四，难道就不为自己的胆怯而羞愧吗？”楚王被毛遂一番教训，意识到问题的所在，又看到毛遂目露凶光，生怕毛遂冲动之下夺取他的性命，因而当即答应和赵国联合起来对抗秦国。这次游说，平原君意识到毛遂果然是不可多得的人才，不但回到赵国之后向赵王为毛遂邀功，而且从此之后重用毛遂。

毛遂说得很有道理，一个人如果从来不想把自己装入布袋子里，就不可能有出类拔萃的表现。只有把自己放入布袋子里，才有可能崭露头角，有出类拔萃的表现。日常生活中，每个人也都要这样对待和要求自己，主动推销自己，才能让自己进入他人的视野和眼帘，也才能更好地表现自己，从而为自己争取到机会。

记住，任何时候都不要被动地等待，与其被动地等待别人来发现自己，还不如主动地展示和推销自己，这样才能抓住每一个转瞬即逝的好机会，也才能成功地发挥自己的潜能，从而让人生表现得更加精彩辉煌，实现梦想，获得成功。

即使背水一战，也绝不轻言放弃

西方国家在最早进行资本积累的阶段，有很多胆大的人都积累了大量的资本，也才能够为人生获取更多珍贵的资源，奠定成功的基础。而那些胆小的人，则错过了成功的机会，再想奋起直追就难上加难，也会因此而导致自己陷入被动的状态。

很多人抱怨自己没有显赫的家世和强大的背景，其实对于大多数普通人而言，要想在人生中占据主动，获得先机，就一定要努力积累。所谓量变引起质变，正意味着当积累达到一定的量，就能得到意想不到的收获和结果。所以我们一定不要犯眼高手低的毛病，而是要更加努力地战胜自己，也成功地缔造属于自己的辉煌。

在辽阔的非洲，有很多草原，在塞伦盖蒂草原上，每当炎热的夏季到来，因为草原变得干旱，原本丰茂的水草变得干枯，所以无数只角马不得不进行迁徙，他们的目的地就是水草丰美的马赛马拉湿地。这样的迁徙，尽管目的地值得期待和憧憬，但是却是一场艰难的跋涉，因为角马们在整个旅途中，唯一经过的水源地就是格鲁美地河。看到这里，一定会有很多朋友想：那就赶快奔跑，到达格鲁美地河吧，至少可以喝到甘甜的河水，继续生存下去。然而，格鲁美地河尽管是水源地，对于角马而言意味着生机，却也是很多动物都聚集的地方，尤其是有很多凶残的大型食肉动物出没捕捉猎物，所以对于角马而言，格鲁美地河同时意味着危机。在这里，角马很有可能被狮子、猎豹等捕食。而在渡河的时候，如果在水流相对缓慢的地方，水中还有可能潜伏着残暴的鳄鱼。所以，格鲁美地河既是生的希望，也是死亡之地。

每当快要到达格鲁美地河的时候，有很多角马即使非常干渴，也总是徘徊在靠近河流的地方不敢继续前进。最终，它们甚至会被渴死。而有些角马恰恰相反，他们有着理性和智慧，知道与其被渴死，还不如冒着风险去喝水，这样才能继续活下去，也才能获得更大的生机。为此，他们怀着必死的信念来到河边喝水，甘之如饴，最终获得成功，也可以继续迁徙，到达理想的生存地。

人生之中，也常常有危机四伏的情况发生，是为了避免失败而无所作为，逃避失败，也彻底失去成功的机会，还是为了哪怕是万分之一的可能而去赌一把，拼搏一把，这样很有可能就会获得成功，也成就自我呢？每个人思考问题的角度不同，对于人生的侧重点也截然不同，所以他们做出的选择是不同的。任何时候，都不要盲目地退缩和放弃，因为人总是需要冒险的精神，才能迎难而上，也才能在推进事情不断发展的过程中，让自己获得更加英勇无畏的表现。

失败者各有各的原因，成功者却一定有着共同点。对于很多成功者而言，他们最大的共同之处就在于，他们可以勇往直前地进取，心甘情愿冒更大的风险，从而博取梦寐以求的成功。成功从来不会青睐胆小者，每个人要想获得成功，都必须不忘初心，勇敢无畏，才能在面对人生的坎坷和挫折时越挫越勇，迎难而上。炒股的人都知道，风险和收益总是成正比的。那么，为了博取人生的成功，我们就要理性地思考和衡量，从而确定有些风险是值得去冒的。

只为成功找方法，不为失败找借口

人生之中，如果没有丑的衬托，就不会有美的呈现；如果没有苦涩，就不会有甜蜜。所以很多事情都是相辅相成，相互承载的。因此当你遭遇失败的时候，一定不要抱怨和沮丧，而是要意识到，必须为成功寻找方法，而不要为失败寻找借口。只有在这种心态的指导下，你才会更加坦然地面对失败，也积极地从失败之中汲取经验和教训，从而不断地提升和完善自己，助力自己获得成功。

中国地大物博，不但有着上下五千年的文化和悠久的历史，而且不同的地方也往往有着不同的风土人情和风俗习惯。在有的地方，就有这样的一个风俗，那就是当新生儿出生的时候，先以黄连水喂给婴儿，然后再以甘草水喂给婴儿。众所周知，黄连是很苦涩的，而甘草则带有微微的甘甜，这样给新生儿喂水，正是寓意新生儿的人生先苦后甜，是对新生儿的祝福。

常言道，甘蔗没有两头甜，这也告诉我们任何事情都有两面性，而不可能面面俱到，都占据利益。现代社会，很多年轻人都会犯的一个错误，就是好高骛远，眼高手低，从来不愿意吃苦。很多才从大学毕业的年轻人，就希望找到旱涝保收，既有高工资，又有好福利的工作，还很清闲。试问，这怎么可能呢？每当在工作中遇到困难的时候，他们就会放弃，以这样的方式来避免吃苦。殊不知，在这样的人生态度之下，他们人生未来的路只会越走越窄，也只会越来越难走。要知道，要想找到一份理想的工作，除了要有高学历之外，还要有丰富的工作经验，也要有不离不弃的吃苦精神，只有在坚持进取的过程中，年轻人才能越来越努力，持续地进步和成长起来。所以不能吃苦的年轻人，注定未来要受苦，而吃苦在前的年轻人，才会在生活和工作中渐渐地驾轻就熟，也就会获得更大的进步和更快速的成长。

在台湾，很多人都知道王永庆的大名。实际上，王永庆并非一开始就很出名，而是从穷苦人家的孩子渐渐成长起来的。小时候，王永庆的家里特别穷，而王永庆又排行老大，为此常常需要帮助父母做很多的工作，还要照顾好弟弟妹妹们。每天早晨，他都早早起床为家里挑水，才上完小学，他就辍学回到家里，四处打工帮助父母贴补家用。他来到了一家米店里当伙计，把活儿干得特别好。父亲看到王永庆很机灵，意识到王永庆有经商的头脑，因而四处借钱，最终凑够了几百元钱，为王永庆租了一个店面开米店。这个米店很小，而且位置非常偏僻，在当时米店很多的情况下，王永庆要想把米店经营好是很难的。为此，王永庆很用心地为米店寻找出路，他发动全家人把大米里的小石子、小沙子都捡出来，这样一来，得到了很多主妇的青睐，也大大节省了主妇们做饭耗费的时间。后来，王永庆又提出送米上门的服务，他专门准备了一个小本子，每当觉得顾客家里的大米快要吃完的时候，就会把米送过去。有的时候，顾客家里的大米没有吃完，他还会用心地把新米倒入缸底，而把陈米放在上面。有些顾客经济紧张，王永庆就先是送米上门，等到顾客有钱的日子，再去收取米钱。就这样，王永庆米店的生意越来越好，也越来越大。有了稳定的顾客群之后，他又租了更大的店面，而且还用店面的后院作为碾米的加工厂，自己碾米，一则有了更大的利润空间，二则也可以保证顾客吃到最新鲜的米。

如果没有吃苦的精神，王永庆只顾着抱怨，哪里还会有后来的成就呢？所以说，吃得苦中苦，方为人上人，是很有道理的。作为初入社会的年轻人，也许作为父母的宝贝，在家里生活的时候的确很享福，但是一旦走入社会就要摆正心态，脚踏实地地吃苦，这样才能最大限度接受生活的磨炼，也才能激发自身的潜能，把人生经营得更加成功。

年轻人，吃点苦没关系，如果不曾挨饿，就不知道馒头的香甜；如果不曾身心疲惫地坚持过，就不知道床的舒适与安眠的可贵。命运从来不会一帆风顺，也没有任何人生会顺遂如意，既然如此，我们就要做好吃苦的准备，也提升吃苦的能力，从而才能在吃苦之后迎来人生的柳暗花明，也得到人生更丰厚的馈赠。

没有拼搏的精神，人生怎能脱颖而出

面对考试，作为学生的你如果只想考到及格，那么你的成绩往往不会及格，因为从想到做之间还会有一定的落差；如果你想考到一百分，那么你很有可能会考取九十多分。看到这里，你知道自己应该抱有怎样的期望和目标了吗？明智的孩子，一定会把目标定得更高，并且坚定不移向着目标去努力，这样即使行为上有所缩水，也能让自己更加接近于目标。记住，切勿把目标定得太低，否则你在成长的道路上就会出现退步的状态，也很有可能会因此而陷入困境。

现实生活中，很多人都想脱颖而出，也羡慕成功者的光鲜亮丽，却不知道成功者也许各自都有不同的天赋和特长，但是他们获得成功却有着一个共同的原因，那就是努力拼搏，坚持进取。只有全力以赴去拼搏的人，才能配得上人生的成功，也只有不遗余力去拼搏的人，才能得到命运的眷顾。人，的确是需要破釜沉舟的勇气，绝不给自己留下退路，才能激发所有的勇气去拼搏。否则，那些总是给自己留下回旋余地的人，常常会在人生之中只使出一部分力气，也因此变得消极懈怠。记住，你如果真的想获得成功，那应该告诉自己的就不是“想成功”，而是“必须成功”。正如人们常说的，必须把自己逼到危崖上，才能全力以赴奔向遥远的目的地。

在美国，有一位非常了不起的推销员，他的名字叫亨利。当然，亨利并非生而就适合当推销员，实际上，他的推销生涯开始于一家报社。众所周知，报社需要依靠广告创造利润，亨利在报社里的主要工作就是开拓广告业务。作为一名广告业务员，亨利显得与众不同，因为大多数广告推销员都会第一时间去找那些更有可能做广告的顾客，而亨利却决定先挑战自己。他的做法是，从那些看起来不太可能买广告的客户开始做起，为此，他还专门列了一个名单，上面全都是那些别人在尝试推销广告却以失败而告终的客户名单。就这样，亨利开始了自己独特的广告推销生涯。

当然，亨利知道这些顾客都是硬骨头，因此，每次去拜访这些客户之前，亨利都会激励自己。他会在没有人的地方，大声地喊着那个顾客的名字，然后告诉自己“我一定功能成功！我一定能成功！！我一定能成功！！！”如此之后，他才会神采奕奕、自信满满地去拜访客户。难道亨利因为这样的自我激励就获得成功了吗？成功当然没有那么容易获得。有一次，亨利即便做好了充分的思想准备工作，在去见客户的时候，还是遭到了无情的拒绝。这个客户拒绝了亨利几十次，直到第六十次的时候，他才答应从亨利这里购买广告。不得不说，只要功夫深，铁杵磨成针，是很有道理的。亨利正是凭着自己无数次的努力尝试，最终才成为最伟大的推销员。在向这些难以搞定的客户都成功销售之后，亨利在面对普通的客户时，就觉得非常轻松。

其实，有很多人都是凭着一定要成功的信念才获得成功的。诸如史泰龙为了进军好莱坞，先是在好莱坞打杂，后来又自己创作剧本。拿着剧本，他把好莱坞的五百位导演挨个拜访了一遍，没有成功之后又来拜访第二次、第三次，后来是对全体导演进行第四次拜访的时候，才终于有一位导演答应给他机会去试一试。就这样，史泰龙一炮走红。而如果没有此前的坚持，他根本不会有这样的成功。

很多人都喜欢吃肯德基，殊不知，肯德基爷爷在当年推销炸鸡配方的时候，也是开着破旧的老爷车走遍了美国的每一个角落，最终才把炸鸡配方推销出去。如今，肯德基爷爷的头像遍布世界，正是当年的坚韧不拔才有今日的结果。

不得不说，“必须成功”是神奇的信念，会对人们产生神奇的推动力量。只有拥有这个信念的人，才能在追求成功的道路上坚韧不拔，绝不放弃。虽然我们都是普通人，未必会得到和那些伟人名人一样璀璨的成功，但是我们有自己的人生，也有自己的成功。既然如此，就让我们牢记伟大的目标，不忘初心，砥砺前行吧，要相信成功终究会盛装降临！

第10章 渡过难熬的时光：善于等待，一切都会到来

生命，既要善于主动出击，努力奋斗，也要善于等待，就像一只猎豹潜伏在草丛中，最终能够等到猎物的到来。实际上，很多事情的发展往往出人意料，我们所要做的不是逃避，而是要勇敢地面对，也是要潜心蛰伏，唯有如此，才能守得云开见月明。当然，等待是漫长的过程，那么我们还要记住，唯有熬过艰难的时光，才会赢得生命的绚烂绽放。

用心等待，该来的总会如约而来

现实生活中，很多事情都需要等待，父母期盼孩子成长，需要等待；孩子想要知道考试后的成绩，需要等待老师公布最权威的答案；进行罗曼蒂克恋爱的人，更是需要时光的流逝，才能感受到爱情的到来；甚至连煲一锅汤，也需要等待，才能等待食材的释放，也才能拥有一锅鲜美的靓汤……总而言之，人生之中需要等待的东西太多，也只有不断地坚持努力，才能最大限度激发生命的本能，也才能在等待之中迎来更好的机会释放自己。

用心等待，不要急躁，孩子的成长有自身的节奏，一朵花开也需要时间去酝酿，所以我们要相信，该来的总会来，只要我们能够守候住，也能够耐心等待。在整个世界中，万事万物都有自身发展的规律，因此我们必须尊重这些规律，从而在想要做好一件事情的时候，把握事情本身的节奏。很多人都曾经读过揠苗助长的故事，那么就会知道揠苗非但不利于禾苗的生长，反而会让禾苗在短暂的时间内死亡、毁灭，就是因为揠苗助长的人没有尊重禾苗生长的规律，也企图借助外力去促使禾苗成长。最终，带来的结果是怎样的呢？一定不是揠苗助长的人所希望得到的。

很久以前，有一个小伙子经人介绍认识了一个女孩，女孩正是他喜欢的类型，为此他决定和女孩开始约会。第一次约会，小伙子就迫不及待，比约定的时间提前了一个小时到达约会地点。然而，姑娘也许是因为矜持，居然姗姗来迟，比预定的时间还晚了半个小时。正是这样一个半小时的等待，让小伙子急得如同热锅上的蚂蚁一样，等到姑娘到来的时候，小伙子早就忘记了是因为自己提前到来一个小时才等得这么久，而把整个一个半小时等待的焦急全都发泄到姑娘身上。就这样，小伙子对着姑娘劈头盖脸地数落，根本没有把姑娘的解释听进去，最终，他们不欢而散，爱情就这样还没有开始就彻底夭折。

不得不说，如果小伙子能够更加耐心一些，耐得住寂寞，就可以专心致志地等待，也可以等来自己梦寐以求的恋人，开始美妙的爱情。原本值得期待的爱情，就这样结束，让小伙子感到内心焦虑不安，也无法顺利开始爱情。很多事情，都需要等待，才能获得最好的结果。在南美洲，有一种体型庞大的蟒蛇，因为身体沉重，所以行动的速度比较缓慢。为了捕捉食物，它既然没有办法快速行进，就只能潜伏在一个地方等待猎物经过。这样的等待过程是漫长的，有的时候，大蟒蛇必须等待一两周的时间，才能等来猎物。但是，它很少更换等待的地方，因为它知道，只要耐心守候，就一定会有猎物经过。实际上，这正是蟒蛇为了扬长避短，才采取的狩猎方式。在等待的过程中，它并不会疏忽懈怠，而是会调动起自己所有的警惕，从而在猎物经过的时候，最大限度激发自身的能量，从而保证一下子就把猎物死死咬住，再慢慢享受。

人生，固然需要学会主动出击，偶尔却也需要守株待兔。有的事情，并非人的主观能动性发生改变就可以决定的，那么就要安静地等待，全心全意地守候，这样才能拥有更大的可能性成功。尤其是在人生的舞台上，每个人都希望自己能够抓住机会获得成功，却不知道机会并非随时随地都在那里，而是需要耐心等待，也在等待的过程中随时做好准备，才有可能抓住的。记住，人生既需要主动积极地开疆拓土，也需要全力以赴地耐心等候，这样才能两面兼顾，在时机到来的时候一蹴而就获得成功。

内心豁达，人生也豁然开朗

前几年，随着《非诚勿扰》的热播，江苏卫视的光头主持人孟非，也在全国观众面前获得了更高的知名度，同时赢得了很多观众的喜爱。尤其是在和乐嘉一起主持《非诚勿扰》期间，他们更是凭着聪明睿智、幽默风趣的语言和彼此间机智的互动，圈粉无数。孟非后来还写了《随遇而安》，销量也很大。实际上，很多读者和观众朋友在听到“随遇而安”这四个字的时候，内心是有疑虑的：不都主张人生应该努力奋斗和争取吗？怎么又变成随遇而安了呢？的确，人生是需要奋斗和拼搏的，但是也要随遇而安，因为人生的境遇并不相同，甚至随着时间的流逝而不停地改变，所以我们也要调整好对待生命的态度，这样才能豁达从容，让人生豁然开朗。

在西方国家，有一句谚语，大概的意思是，面对同一件事情，有的人能够想得开，就是进入天堂，而有的人根本想不开，就相当于进入地狱。的确，人们常说，心若改变，世界也随之而改变，这句话其实是很有道理的。在大多数情况下，人生就在一念之间，因而学会转变，对于每一个渴望获得幸福人生的人至关重要。

现实生活中，有太多的人因为一些不值一提的小事情就陷入苦恼之中，他们非常痛苦，内心郁郁寡欢，也因此而抱怨命运不公平，抱怨外界的一切。殊不知，外部的很多事情是无法改变的，最重要的是改变自己的心情，调整自己的心态。也有一些人始终活在过去之中，对已经成为历史的一切感到不满，也因此而让自己陷入生存的困境无法自拔，例如鲁迅笔下的祥林嫂。实际上，过去已经不可改变，如果一味地沉浸在过去之中，就连当下也错过了，会导致问题变得更加糟糕。最重要的在于，要从过去中摆脱出来，要勇敢地面对现在，也要全力以赴地过好将来，这样才是真正珍惜时间、把握人生的表现。正如西方国家的一句谚语所说的，不要为打翻的牛奶哭泣。人生之中，有太多的牛奶已经失去，那么就要珍惜正在把握和即将到来的一切，才能最大限度激发人生的力量，也才能全力以赴把握和充实人生。

很多人都因为人生有遗憾而感到惋惜，却不知道没有遗憾的人在这个世界上根本不存在。要想获得幸福的人生，并不取决于你拥有多少，而取决于你的心是否宽容和豁达，是否能够从容地接纳自己和他人，这才是切实关系到幸福人生的要素之一。

夏天来了，师父对小徒弟说："种草吧，看着绿茵茵的草地，多么赏心悦目！"小徒弟却拖延道："师父，天气太热了，等到天气凉一些再播种吧！"师父毫不迟疑地说："随时！"然而，小徒弟还是无动于衷。眼看着天气冷了，进入中秋，师父又提醒小徒弟："可以种草了！"小徒弟看着落叶满天飞，秋风飒爽，对师父说："师父，风这么大，草种撒下去，马上就会被吹得不知所踪，又因为干旱少雨，也有可能被鸟儿吃掉吧！"师父说："随性！"小徒弟无奈，只好把草种都撒下去，果然，鸟儿马上就发现了草种，来吃草种。小徒弟很着急，拿着扫帚驱赶鸟儿，又对师父说："师父，你看我说的对吧，草种都快被鸟儿吃光了！"

师父笑了笑，不以为然，说："随遇！"小徒弟还是很心疼草种，因而一整天都在拿着扫帚驱赶鸟儿，累得气喘吁吁。

次日，小徒弟早早起床，准备继续驱赶鸟儿，起床打开房门一看，不由得带着哭腔说："师父，这下子彻底完了，昨夜突降大雨，草种子都被大水冲走了！"师父睁开惺忪睡眼："随缘！"十几天过去，小草开始发芽，小徒弟惊喜地发现，院子里依然留下了很多草种子，所以在他播种的地方，开始有新绿冒出来，更让他惊喜的是，在他播种的时候没有照顾到的边边角角，居然也冒出新绿。他惊喜地告诉师父："师父，整个院子里每一个角落里都有草，比我播种的时候覆盖了更大的面积。"师父笑着说："随喜！"

随时—随性—随遇—随缘—随喜，小徒弟因为修炼不够，所以还因为外界的这些事情而情绪起伏不定，但是作为师父，却始终很淡然达观，不得不说，师父的心境已经达到了很高的境界。现实生活中，很多人都和这个天真无暇的小徒弟一样，心随境转，心情因为外界事情的发生而不停地改变。实际上，他们所要做的正是让自己变得豁达，不以物喜，不以己悲，这样才能最大限度调整好心态，也从容地享受人生。

常言道，进一步万丈危崖，退一步海阔天空。任何时候，都不要因为客观外物的改变而随时改变心情，心不变，才能以静应付外界的动，才能从容地调整好心情，应对外界的各种急促改变。记住，人生从来不在一时，而在于一生一世。因此，只有宽容豁达的人才能真正地掌控人生，主宰自我，也从容地驾驭命运。

漫长的煎熬才能孕育出璀璨的珍珠

很多女性朋友都特别喜欢珍珠，这是因为珍珠有着光滑圆润的外表，也有着亮泽的质地。实际上，当了解关于珍珠的知识后，我们就会知道越是大且圆润的、富有光泽的珍珠，等级也就越高。那么，如何才能孕育出高质量的珍珠呢？珍珠又是如何形成的呢？当得知珍珠的前世是一颗普普通通的沙子，你一定会感到万分惊讶，甚至无法把粗陋的沙子和高贵的珍珠联系在一起。然而，珍珠的确是从沙子的雏形里诞生出来的，正是在蚌漫长的煎熬和孕育之下，才有了璀璨的、散发出光彩的珍珠。

人生之中，每个人也都想成为璀璨耀目的珍珠，遗憾的是，大多数人都在生活的磨砺下缴械投降，最终依然是毫不起眼的沙石。所谓宝剑锋从磨砺出，梅花香自苦寒来，正告诉我们每一个人要想获得成功，就要经历很多漫长难熬的时光，也要有着坚持不懈的毅力和韧性。在这个世界上，从未有不劳而获的成功，也没有天上掉馅饼的好事情，成功都是要经历阵痛才能得到的。既然如此，怀揣着成功的梦想，我们首先要做好全力以赴去努力的准备，这样才能不离不弃，奔向成功。

在成为刘邦的大将之前，韩信只是一个混世的人。有一天，韩信和几个屠夫发生争执，虽然腰间挎着宝剑，却被屠夫们追赶得无路可逃。在把韩信逼入死角、逃无可逃的情况下，一个屠夫对韩信说：“今天，你或者用你手中的宝剑把我杀死，或者就要趴在地上，从我的裤裆下爬过去。”韩信深知自己打不过这几个身强体壮的屠夫，为此他当着众人的面，从屠夫的裤裆下爬了过去。有些人认为韩信太怯懦，没有血性，然而若干年后，韩信辅佐刘邦争夺天下，成为刘邦非常仰仗的一员大将。如果当年韩信为了一时的意气之争，而挥舞宝剑和屠夫们决斗，也许早就失去了性命，根本不可能有后来的事业。

很多时候，人生是需要忍耐的。尤其是在成功到来之前，更是要经历暗无天日的日子，熬过漫长难熬的时光，才能守得云开见月明。很多人都不善于忍耐，也或者是因为此前的人生太过顺遂如意，因而无形中变得很任性。其实，正如人们常说的，人生是一场历练，也是一场修行，只有不断地努力前行，也只有走过一切的艰难坎坷，才能在人生之中进入柳暗花明又一村的胜境。

忍字头上一把刀。由此可见，忍的确不是一件容易的事情，但是我们必须学会忍，才能勇敢地驾驭人生。古今中外，很多人遭遇命运的坎坷和挫折，正是因为忍耐，他们才能获得伟大的成就。司马迁当年遭遇宫刑，换做其他人也许早就因为不能忍受痛苦尤其是屈辱而死亡的，但是他却在狱中坚持完成了《史记》的创作，被誉为“史家之绝唱，无韵之离骚”。李时珍为了创造《本草纲目》，尝遍百草，时常中毒，却从未畏缩过。徐霞客作为古代资深驴友，凭着双脚和简易的设备，走遍祖国的山川，才有了《徐霞客游记》。总而言之，有太多的人之所以有所成就，青史留名，就是因为他们非常努力和勤奋，也是因为他们从不畏惧失败。任何时候，都要让自己变得坚强和坚持。坚强是人生的脊梁，坚持则是成功的动力。记住，只有经过痛苦的忍耐，一颗沙子才能变成珍珠，也只有经过苦难的磨砺，人生才会更加辉煌灿烂。

人生不易，且行且珍惜

在漫长的人生道路上，每个人都会遇到形形色色的不如意，那么在面对生活的时候，要学会放下，也要会学会平衡内心。

任何情况下，冲动都是魔鬼，更有心理学家指出，人在愤怒的情况下智商会降低为零。既然如此，就不要总是受到情绪的驱使和驾驭，也不要因为一时之气而失去对于人生的把控。在这个社会上，每个人除了是自己之外，在社会生活中还扮演着不同的角色。如果一个医生在拿起手术刀的时候，不能忘记自己曾经和病人家属的争执或者是在上班之前与家人、朋友之间的不愉快，那么他就不配拿起手术刀，也不配当一名合格的医生。如果一个教师在面对调皮捣蛋的孩子时，不能保持理智的心，那么也就不配当一名教书育人的教师，所以教师在走向三尺讲台的时候，一定要更加理性从容，也要牢记自己的职业道德。总而言之，每个人在现实生活中都会遇到各种各样的烦恼和不如意，一定要端正心态，保持良好的态度，才能从容地面对一切。记住，人生从来没有回头路可走，有些事情一旦失去控制，就会造成无法挽回的恶果。既然如此，就要时刻保持理性，也要真正成为自身的主宰，才能全力以赴在人生之中更加把控一切，也拥有美好的未来。

记住，平和的心态是人生幸福的保证，也是在人生道路上获得力量，持续进取的保证。好心态，成就幸福人生，也成就充实、美好的人生！

不放纵，主宰自我

当人生的船在茫然无边的大海上不知所踪的时候，很多人都会因为疲惫、焦虑、紧张，甚至是恐惧，而做出失去理性的举动，那就是放纵自己，让自己在人生的海洋中随波逐流，也放弃对人生的掌控。实际上，这样的心态是完全错误的。任何时候，都不能以放纵的态度面对人生，也不要失去对人生的主宰。否则，一旦选择放纵自己，就相当于一个司机放开了手中的方向盘，而把生的希望寄托于其他川流不息的车辆，也相当于一个船长放开了手中的驾驶盘，而把生的希望寄托于漫无边际、瞬息万变的海洋，毫无疑问，在这样的行为之下，生的希望是非常渺茫的。

当一个人对人生采取放纵和游戏的态度，他的人生并不会因此就变得如意，反而会面临非常糟糕的结果和难以预料的下场。有些朋友觉得，在一些非常放松的场合里，面对自己的亲人和朋友，也许可以放纵。殊不知，这样的放纵也不是彻底地放开自我，而是要在适度的范围内纵情欢乐。否则，如果抱着及时行乐的态度，不对自己加以适度的控制，也丝毫不照顾身边的人情绪感受，则就会给身边的人带来很多的烦恼，也会导致事情的发展超出自己的预期，最终一定会非常烦恼和忧愁。

作为公司里的元老级人物，晓枫无疑成为这次年会上的焦点，因为晓枫所负责的区域有非常好的业绩。因此，晓枫飘飘然，在年会上的自助餐环节，对前来给他敬酒的人，总是来者不拒，不知不觉之间就喝多了。喝多了的晓枫，在面对副总的时候，说起话来口无遮拦："张总，你要赶紧往上爬，不要挡我的道了。"听到晓枫的话，副总的脸上变得很难看。原来，一直以来，晓枫都希望自己升职成为副总，但是因为现任的副总迟迟没有晋升的迹象，为此晓枫只能留在原地，没有任何升职的可能。虽然职场上的人都很明白其中的道理，但是听到晓枫亲口说出这样的话，副总还是很生气，也对晓枫耿耿于怀。

年会之后没多久，因为副总发力，晓枫从已经做得风生水起的成熟区域，被调动到一个新的需要大力开辟的区域。晓枫有苦说不出，只有继续再拼尽全力去开拓市场。

人在职场，一定要谨言慎行，晓枫因为年会上喝多了酒，对着不该说的人说出了错误的话，导致的后果是非常严重的。他就算不升职副总，如果能守住自己打下的江山，日子也会很好过，但是却因为说错话，而失去了自己辛辛苦苦打拼下来的江山，还被派去一个更加残酷的战场，这正是晓枫有苦说不出的地方。

作为年轻人，也许还没有在工作上获得这样的成就，但是一定要避免放纵自己。尤其是在职场上，时刻保持清醒的状态是绝对有必要的，虽然同事关系可以相处得很好，但是同事之间可并非纯粹的友谊，而是有可能面对利益上和职位上的竞争的。

记住，只有一个能够主宰自己的人，才能在成长的道路上始终牢记心的方向，也才能真正激发出自身的潜能，有的放矢地行走人生之路；也只有一个主宰自己的人，才能够战胜人生道路上有可能出现的一切坎坷和挫折，始终不忘初心，砥砺前行。

戒骄戒躁，才是人生之道

常言道，静水流深。很多时候，看起来奔腾喧嚣的水面下也许只是清浅的河底，而看起来非常平静的水面下反而隐藏着深不见底的深渊。人生也是如此，不要喧嚣于外，而是应该沉潜下来，做好自己该做的事情。现代社会的很多年轻人，总是浮躁有余，沉静不足。他们刚刚大学毕业，就想过上退休的生活，一方面不想付出努力，另一方面又想获得很高的薪水和很好的福利待遇，导致在找工作的时候只想怎么安逸怎么来，却从未想过年轻是用来拼搏和努力的资本。相反，他们把年轻视为贪图享受和不努力的资本，从而自诩年轻就无限拖延，该做的事情也不去做，而是说自己还有很多的机会。不得不说，这样的行为表现完全是错误的。

人生，就应该静水流深，才能戒骄戒躁，更加沉下心来去做很多事情。只有平静如镜的水面，才能倒映出月亮的影像，也只有平静的心，才能接受外界的全部信息，也才能保持良好的心态，拥有充实的人生。遗憾的是，如今整个社会都处于喧嚣的状态之中，很少有人能够真正沉下心来，感受生命的喜乐。绝大多数人对于人生都在无休止地抱怨，他们希望在人生之中收获更多，也渴望着从人生的理想状态中摆脱出来，获得更加伟大的未来。不得不说，空想从来不能成就人生，只有脚踏实地地去想，坚持点点滴滴地做，才能在人生的状态之中拥有更大的进步和更多美好的、值得期许的未来。

从心理学的角度而言，浮躁的心态对于人生有百害而无一利。一个浮躁的人，很容易犯好高骛远、眼高手低的毛病。他们总是爱慕虚荣，时时处处都想和别人比较，却不能真正努力去做，拉近自己与他人之间的差距。他们总是争强好胜，却又把获得胜利的希望寄托在他人身上，而放纵自己去当一个只动口不动手的人。不得不说，这样的好逸恶劳、眼高手低，是人生进步的大敌。

小张已经调动到南京工作五六年了，最近，他和爱人刘红终于把在南京买房安家的事情提上日程。然而，小张在电信局工作，是拿死工资的，因此当刘红提出买一套110平方米的大房子时，小张怎么也不同意，觉得这样会影响未来的生活，因为刘红自从结婚以来就不愿意去工作，始终在家里当全职主妇。但是，对于小张提出买90平方米的小三居，刘红又不愿意。因为他们目前住的房子就是100平方米的，如果卖掉这套房子换一套90平方米的房子，刘红认为自己这辈子就只能蜗居在90平方米的房子里。最重要的，90平方米的房子是中间户全朝南的，110平方米的房子是南北通透的。为此，小张和刘红针对买多大的房子产生分歧，谁也不愿意妥协。原本已经说好交钱去订购房子，最终他们却因为怄气而错过了机会。才几个月过去，房价就涨了几十万，刘红一生气，索性拿着卖掉市区房子的钱回到老家的小县城购买了100平方米的房子。而小张呢，继续每个周末往返七八百公里，在家和单位之间奔波。

对于刘红买房子的事情，刘娜作为刘红的亲姐姐，也有自己的理解："刘红就是不愿意出去上班，还非要买大房子享受，南京房子那么贵，哪里是想买大的就能买得了的呢！"对于刘红的表现，听得出来，刘娜也是很不满意的。

不得不说，刘红是典型的眼高手低，虽然自己一直当全职家庭主妇从来不挣钱，但是对于买房住房，她却总是有过高的要求，所以才导致与小张发生分歧，最终不管是90平方米的房子还是110平方米的房子都没有买成，夫妻两地分居的现状非但没有解决，反而变得更加严重，因为刘红负气卖掉市区的房子之后，回到家乡的小县城购买了一套房子，导致小张回家的路更加遥远。

实际上，生活中有很多不如意的事情，我们一定要学会妥协，才能最大限度解决问题。当然，从心理的角度而言，每个人都希望能够圆满解决问题，却不知道有的时候，圆满不是想一想就能做到的，而是要更加辛苦和努力才能更加接近于圆满。任何时候，都不要对于成功有过高的期望，因为过高的期望会使人变得沮丧，而是要根据自身的能力设定一个努力之后有可能实现的目标，才能对于自己起到切实的激励作用。

记住，生命中固然有奇迹发生，奇迹却从来不是从天而降的，就连机会也总是为有所准备的人准备的。那么从现在开始，就要脚踏实地地努力进取，让自己随时保持最佳的状态，才能确立更高的目标。从容的人生自有从容的美，在遇到很多情况的时候都能做到气定神闲，镇定自若，也才能最大限度激发自身的力量，成就自我。

参考文献

[1]景天.别在吃苦的年纪选择安逸[M].南昌：江西教育出版社，2016.

[2]汤木.将来的你，一定会感谢现在拼命的自己[M].南昌：江西教育出版社,2016.

[3]李贝林.人生瞬息万变，你要学会坚持[M].广州：广东旅游出版社,2013.